U0208510

普通高等教育"十三五"规划教材

食品质量与安全专业综合创新实验教程

吴 涛　姚志刚　主编

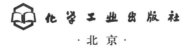

化学工业出版社

·北京·

内容提要

《食品质量与安全专业综合创新实验教程》从高素质应用型、创新性食品质量与安全人才培养目标出发，科学把握人才培养目标和实验过程组织与实施等方面的对应关系，既注重应用又兼顾创新思维的培养，将科学性、实用性、前瞻性统一起来。内容涵盖实验技术基础、专业综合创新实验及实施、复合饮料的配制及其质量分析、腌制品中有害物质含量变化监测及其安全控制、植物源食品中功能成分提取工艺比较及其质量评价、水产品重金属含量调查及其健康风险评价、蔬菜中农药残留现状调查及膳食暴露风险评估、食品中黄曲霉毒素的消减技术及其质量评价。

《食品质量与安全专业综合创新实验教程》可作为食品质量与安全、食品科学与工程等专业本科生的实验教材，也可以供这些专业的研究生及专业技术人员参考。

图书在版编目（CIP）数据

食品质量与安全专业综合创新实验教程/吴涛，姚志刚主编. —北京：化学工业出版社，2020.9（2023.1重印）
ISBN 978-7-122-37281-9

Ⅰ.①食… Ⅱ.①吴… ②姚… Ⅲ.①食品安全-食品检验-高等学校-教材 Ⅳ.①TS207.3

中国版本图书馆 CIP 数据核字（2020）第 113106 号

责任编辑：傅四周　　　　　　　　文字编辑：朱雪蕊　　陈小滔
责任校对：杜杏然　　　　　　　　装帧设计：韩　飞

出版发行：化学工业出版社（北京市东城区青年湖南街 13 号　邮政编码 100011）
印　　装：北京印刷集团有限责任公司
880mm×1230mm　1/32　印张 4½　字数 84 千字
2023 年 1 月北京第 1 版第 3 次印刷

购书咨询：010-64518888　　售后服务：010-64518899
网　　址：http://www.cip.com.cn
凡购买本书，如有缺损质量问题，本社销售中心负责调换。

定　　价：20.00 元　　　　　　　　　　　　版权所有　违者必究

《食品质量与安全专业综合创新实验教程》 编委会

随着社会经济发展和人民生活水平的提高，食品安全问题已经引起全社会的广泛关注，成为影响国民经济建设的关键因素。实施食品安全战略，人才是根本。培养适应经济、社会发展需求的食品质量与安全专业人才，高等院校承担着重要的使命。教育部于2001年首次批准西北农林科技大学设置食品质量与安全本科专业，至今全国已有200多所高校开设此专业，涉及理学、工学、农学、医学等各类高校。食品质量与安全专业涉及面宽，具有三个突出特点：一是食品生产链条长，环节多，涉及"从农田到餐桌"全过程；二是学科交叉，涉及理、工、农、医、经、管、法等多个学科门类；三是科技与管理并重，涉及食品质量与安全的科学、技术、政策、法规、标准、监督、管理等内容。

　　食品质量与安全专业综合创新实验融合了食品质量与安全专业各课程理论知识和多种实验操作手段，以及具有研究性的综合性实验。内容涵盖食品物理性能、营养成分、成分功能特性、有毒有害物质、病原微生物等的检测以及食品研制和加工过程中质量评价等内容，是食品质量与安全专业本科人才培养过程中最接近工程实际和科研实际的综合设计实验课程，对培养学生综合运用多学科知识解决食品质量与安全领域实际工程问题能力和自主学习能力具有重要作用。为了满足需要，编者结合区域食品行业发展状况，借鉴国内高校、科学院所创新研究思路，编写了《食品质量与安全专业综合创新实验教程》。教材重点从高素质应用型、创新型食品质量与安全人才培养目标出发，科学地把握人才培养目标和实验过程组织与实施等方面的对应关系，既注重应用又兼顾创新思维的培养，将科学性、实用性、前瞻性统一起来，能满足食品质量与安全专业教学的实际需要。本书可作为食品质量与安全、食品科学与工程等专业本科生的实验教材，也可以作为这些专业的研究生及专业技术人员的参考书。

本书在滨州学院教学研究项目（BYJYZD201805）、滨州学院教材编写项目和生物技术品牌专业建设计划项目的资助下，与青岛海德诚生物工程有限公司、山东绿都生物科技有限公司和滨州职业学院等单位合作完成。本书共分9章，由吴涛、姚志刚、许杰、董彬、樊现远、方菁菁、王报贵、王君、谢文军、吴信明、刘龙祥、黄莉共同编写。全书由吴涛和姚志刚策划、组织、统稿和审核。本书援引了部分国内高校硕博论文中的研究综述和实验设计方法，在此对相关作者表示谢意！限于编者学识水平和经验，书中难免存在不妥之处，恳请有关专家和读者批评指正！

编者

2020 年 5 月

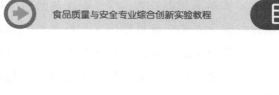

食品质量与安全专业综合创新实验教程　目　录

第3章　复合饮料的配制及其质量分析

第4章　腌制品中有害物质含量变化监测及其安全控制

第5章 植物源食品中功能成分提取工艺比较及其质量评价

第8章　食品中黄曲霉毒素的消减技术及其质量评价

——以"花生中黄曲霉毒素的消减技术及其质量评价"

第1章 实验技术基础

1.1 样品的采集与保存

了解食品质量与安全专业领域分析检测中样品采集、制备、预处理与保存的一般方法，掌握不同分析测定目的下样品采集、保存及处理的意义。

1.1.1 样品的采集

1.1.1.1 样品采集的重要性

采样（也称抽样）是从待鉴定原料或产品中抽取一小部分用于检验分析的过程。具体来说，采样是判断食品质量与安全，进行食品质量与安全指导、监督、管理和科学研究的重要依据和手段，是食品质量与安全分析检验的最基础工作。但因食品材料的种类繁多，成分十分复杂，而且组成很不均匀，所以采样至关重要。它常是整个分析过程中最具变化性的一步，所采集的样品必须代表整个货批的任何一方面待分析的质量，否则即使以后的样品处理如何细心、使用的设备如何先进、计算结果如何严谨，分析亦将毫无意义，甚至可能得出错误的结论。因此，严格地按照采样和制样的各项要求，认真地完成这项工作，是检验工作成败的关键。在食品质量和安全分析工作中，为了特殊需要，采样有时可能是有选择的，但通常是在总货批中按一定方式和方法取样，取得具有代表整个货批总体质量性质的样品。它是进行食品安全监督、管理、营养指导、科学研究的重要依据和手段。

食品采样一般应用于以下几个方面：

（1）了解市售食品及其原料，食品添加剂，食品用的工具、设备、容器、包装材料以及食具消毒等是否符合国家卫生标准；

（2）新食品、新食品资源、新食品用的化工产品、新工艺投产的卫生鉴定，制定、增订、修订食品卫生标准；

（3）为查明食物中毒或食品污染事故的病因物质、污染程度及其来源；

（4）为了解食品生产、加工过程卫生状况以查明影响产品质量的因素，进而提出改进措施；

（5）对消除和预防食品中有害物质的措施如改变原料、改进工艺，加强管理和食品无害化处理的效果进行评价；

（6）对食物及食品生产、运输、销售、贮存过程营养成分进行营养学评价，发现缺陷、确定原因与改进方法等。

1.1.1.2 采样程序

采样前应先对被鉴定食品的一般情况有所了解，再对整批食品进行现场观察并按照标准开启一定数量的单品，对其进行感官检查，然后依据检查的情况进行样品的采集，得到原始样品。原始样品带回检验单位后，在制备样品的过程中再按一定的方法均匀缩分，分为全部检验用的平均样品，进一步分为三份等量的样品，分别为实验样品、复检样品和保留样品。采样的基本程序见图1-1。

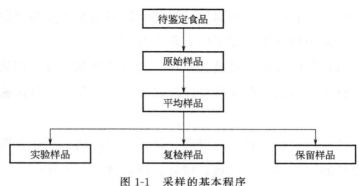

图 1-1 采样的基本程序

实验样品应立即进行所有项目检测，同时对复检样品和保留样品进行保存。

（1）了解被鉴定食品的一般情况。通过文字记录了解食品种类、数量、批次、来源、生产日期、加工方法、贮运条件和时间、销售卫生等。对外地运入食品应审查该批产品所有证件，如运货单、商检部门或卫生部门的卫生检验合格证或化验单、兽医卫生检查证明等。

（2）感官检查数量为总量 5%～10%。对有包装的食品，检查包装有无破损、变形或其他可疑被污染情况；对无包装食品检查有无腐败、霉变、酸败、生虫、污秽不洁等。对可疑被污染食品应按感官性质或污染程度分类，以便分别采样。

（3）确定适宜采样数量，制定采样方案进行规范采样。

（4）做好采样记录，填写采样单。采样时要做好采样记录，其内容包括：品名、生产厂名称、生产日期或批号、产品数量、包装类型及规格、贮运条件及感官检查结果。采样后要填写采样单，一式两份，内容包括：采样单编号、品名、生产厂名称、生产日期或批号、采样数量、采样单位和采样负责人的签名盖章、被采样单位负责人签名等。

1.1.1.3 采样的方式

食品采样方式分为随机抽样、系统抽样、分层采样、指定代表性采样，具体表述如下。

（1）随机抽样：使总体中的每份样品被抽到的概率都相等的抽样方法。适用于对被测样品不大了解和检验食品的合格率等情况。

（2）系统抽样：用于已经掌握了样品随空间和时间的变化规律，并按此规律进行样品采集的方法。例如大型油脂储存池中油脂的分层采样、随生产过程的各环节的采样、定期抽查货架存列不同期间的食品采样等。

（3）分层采样：将分析对象划分成不同层次或部分，然后对不同的层次进行随机采样。该方法适用于被划分的各采样单元之间试样成分变化明显大于每一单元内部成分变化的样品。

（4）指定代表性采样：用于某种特殊检测目的的样品采集。例如对大批罐头样品中个别变形罐头的采样、对有沉淀啤酒的采样等。

1.1.1.4 采样方法

采样方法是否正确对鉴定结果的正确性存在重大影

响。因被检食品往往存在差异，需特别注意样品的代表性。为使采样做到随机化，一般采用随机抽样和系统抽样相结合的方式进行样品的采集。各类食品的采样方式分述如下。

（1）大包装固体食品采样中可以先抽取一定量，作为初级样品。由初级样品中再按一定体积或一定的排列顺序，抽取一定的量，作为二级样品。如此类推，可得三级样品、四级样品，直至所需包装量为止。然后打开包装，从每个包装的三层（上、中、下层）和五点（周围四点与中心点），各抽取更小的包装（盒、瓶）。如数量过多，仍可按上述方法递次缩减，直至得到适宜量后送检。

（2）小包装固体食品如罐头、腐乳等，应根据不同批号随机取样，然后再反复缩分。

（3）散装样品如粮食、粉末状食品和糖等，可先划分为若干等体积层，然后在各层的四角与中心点各取一部分，作为初级样品。对立方体、长方体，常按三层五点法抽取初级样品，然后充分混合，在干净的平面塑料盘或塑料薄膜上堆成均匀厚度的正方形，用分样板在样品上画出两条对角线，取其中两对顶角三角形样品，这种方法称为四分法，由此得二级样品。剩余样品再按上述方法分取，直至得到送检样量为止。

（4）液体或半液体样品如油料、鲜奶、酒、饮料等，先把包装递减至适宜量后，打开包装分别充分搅拌均匀后采样。如容量过大不宜搅拌时，可按高度分上、中、下三层，在四角和中央各取等量样品，混合后再采送检样。对于流动的液体食品，可定时、定量从输出管口取样，混合后再采送检样。

（5）不均匀固体食品如蔬菜、水果、鱼等，根据检测目的取其代表性的部分切碎混匀，再反复按四分法缩分采样。缩分中要防止汁液流失和分得不均。

（6）含毒食品和掺伪食品应尽可能多地采集含毒或者掺伪的部位，不能先把样品混匀后再取样。

以上关于各类被检物的采样方法示例性介绍虽然不能包括复杂多样的被检物的具体采样方法，但是可供参照。在采样过程中要注意样品对总体的代表性和随机与系统采样相结合的原则。

1.1.1.5 采样数量

采样数量包括一批货物应采集多少份样品和每份样品采多少量。采样数量应能反映该食品的卫生质量和满足检验项目对试样量的要求，一式三份，供检验、复验与备查用，每份不少于 0.5kg。小包装食品应按照批号采用随机抽样的方法确定取件数：小于 250g 包装者取件数不少于 6 个，大于 250g 包装者取件数不少于 3 个。另外，可依据检验样品的具体情况和检验项目的需要适当地增加或减少采样数量。从分析方法要求的采样量出发，采样量不得太低，但过多则是浪费。

1. 1. 1. 6　采样工具和送样

为避免样品在检验前发生变化，所有采样工具和容器应清洁、干燥、无异味。用于微生物检验的采样工具和容器应经过灭菌处理，但不能用消毒剂消毒，样品中也不得加入防腐剂，采样过程要无菌操作。进行化学分析的采样工具和容器不得被待测定项目物质所污染。对于盛装液体的容器应先用待测液反复冲洗后方可用于液体的采样。

样品采样后应立即严密封口并封样，以防样品在运输的过程中被偷换、添减或污染。每件容器外要贴标签标明被采食品所有者、样品名称、部位、生产厂家或产地、批号、采样地点、采样日期、采样人等并附送检验单。

食品样品应在 4h 内送到实验室，在此过程中要防止样品漏、散、溢、毁损、挥发吸潮、虫咬鼠啮和腐败变质等。当外界环境温度过高时，样品宜低温运送，通常将样品放在灭菌的塑料袋中，并将袋口封紧，干冰可放在袋外，一并装在制冷皿或保温箱中。

1. 1. 1. 7　采样注意事项

(1) 采样容器要清洁、无化学物污染，采样时不应掺入防腐剂，对于检测微生物的样品需无菌采样，并放在无菌容器中。若要分析微量元素，样品的容器不应混入待测的元素，例如分析测定 Zn 含量时不应用镀 Zn 工具进行采样。

(2) 要认真填写采样记录，写明采样单位、地址、日期、样品批号、采样条件、包装情况、采样数量、检验项目标准依据及采样人，无采样记录的样品，不得接受检验。

（3）检验取样一般取可食部分，以所检验样品计算。

（4）样品应按不同检验项目妥善包装、运输、保管，尽快（4h 内）送实验室并立即检验。

1.1.2 样品的保存

样品应于当日分析，以防止其中水分或者挥发性物质的散失以及待测组分含量的变化。但为了复验或再次验证，就需要进行保质保存，样品在保存期间必须保持原有的状态和性质，并且尽量减少离开总体后的变化。但在采样的过程中食品经切碎混合过程，破坏了一部分组织的完整性，使食品表面微生物混入内部组织，加速了食品品质的变化，而样品的变化必然会对检验结果的准确性存在影响，因此必须重视食品样品的保存。保存样品时应严格注意卫生、防止污染。

样品的保存要根据样品性质、分析项目和分析方法选择，常用的保存方法有以下几种。

（1）密封保存法。将采集的样品尽快存放在干燥清洁的容器中，以防止水分挥发、成分损失，避免在保存过程中污染杂物。

（2）冷藏保存法。易于变质、含易挥发组分的样品，采后应冷冻或冷藏保存，以降低食品内部的化学变化，抑制酶活性、微生物的繁殖，同时减少高温和氧化损失。另外在冷冻保存时要把样品密封在加厚塑料袋中以防水分渗入或溢出。

（3）化学保存法。在样品中加入化学试剂，发挥调节剂、抑制剂或防腐剂的作用，用来抑制微生物的生长、防止氧化和还原反应的发生等，尽最大可能使被检物质的含量、组成和价态维持稳定。纯度较高的化学试剂的加入并不会干扰样品的检测分析。

一般样品在检验结束后应保留一个月，以备需要时复查，保质期从检验报告签发之日开始计算，易于变质食品不予保留。保留样品应封存入适当的地方，并尽可能保持原状。长期保存样品最好为双标签，一个贴在最外层包装外，另一个贴在内层包装外，防止标签脱落。

1.2 样品的制备和处理

用一般方法取得的样品数量较多、颗粒过大或组成不均匀，因此必须对采集的样品加以适当的制备，以保证分析试样的均匀性，并且去掉检验样品中的杂质和不值得分析的部分。食品样品进行前处理，可根据被测物质的理化性质和食品的类型、特点，选用不同的方法，目的在于除去干扰成分，使样品适合分析检测的要求。样品前处理的效果，往往是决定分析成败的关键。

1.2.1 样品的制备

样品制备的目的是保证分析试样十分均匀，使得分析时任何部分都具有代表性。样品的制备必须考虑到在不破坏待测成分的条件下进行，并剔除待检样品中不可食用、机械杂质和不值得分析的部分。正确选择制样工作的开始阶段可使制出的分析样品具有更高的代表性和精度。

（1）液体样品的制备只需将待测样充分搅匀或摇匀就行。如果有结晶、结块或黏稠时，可在不高于 50℃ 的水浴环境中边搅拌边加温从而使得样品充分混匀。

（2）固体样品在制备前首先去掉不能食用的部分。鱼、肉、禽类剔除毛、内脏、骨等；水果剔除核、皮。可食用的部分采用研钵、粉碎机等工具进行研细或绞碎。

（3）水果类罐头食品应先去除果核；肉类和鱼类罐头应先去除骨头、鱼刺后再绞碎、混匀。

（4）互不相溶的液体可分离后再分别取样测定。

1.2.2　样品的处理

食品的种类繁多、组成复杂，既含蛋白质、有机酸、糖、脂肪、维生素及因污染引入的有机农药等，也含有各种无机元素，如钾、钠、钙和铁等。在分析过程中各组分之间对分析测定产生干扰，或者被检测物质含量甚微，难以检出，因此在测定前需进行样品处理，在不损失矿物质的前提下全部破坏有机物，以保证分析结果的准确度和精密度。可见样品处理在食品理化检验工作中有重要的地位。

样品处理时根据被测成分的理化性质和食品的种类、性质、分析项目，采取不同的方法，也可几种方法配合使用，从而得到较好的效果，常用的方法有有机物破坏法、溶剂提取法、蒸馏法、沉析法、结晶法、透析法、色谱法等方法。样品处理的原则是：使被测成分转化为便于测定的状态，消除共存成分在测定过程中的影响和干扰，浓缩富集被测成分，完整保留被测组分。

1.2.2.1　有机物破坏法

在测定食品或食品原料中矿物质成分含量时，特别是进行微量元素分析时，由于这些成分可能与食品中的蛋白质等有机物紧密结合在一起，严重干扰分析结果的精密度和准确性，因此在进行检验时必须对样品进行处理，使有机物在高温或强氧化条件下全部破坏，转化为无机状态或生成气体逸出，从而消除有机物对实验的干扰。被测元素以简单的无机化合物形式出现，从而易于分析检测。

有机物破坏法包括干法灰化法和湿法消化法两类，又因被测物原料的组成和元素的性质差异有不同的操作方式，选择的原则为：操作方法简便、耗时少、试剂使用量少、待测元素不被破坏、有机物破坏越彻底越好、使用后的溶液易于处理且不影响后续的测定。

干法灰化法作为常用的无机化处理方法，是利用高温灼烧的方式将食品中的有机物转化为气体或者无机状态，用酸溶解剩下的无机残余物作为样品待测溶液。具体操作如下：将洗净的坩埚用掺有 $FeSO_3$ 的墨水编号后，于高温电炉中烘至恒量，冷却后将称量后的样品置于坩埚中，于普通电炉上小心炭化，此时样品中的有机物脱水炭化分解氧化，转入高温炉于 500～600℃ 灰化，如不能灰化彻底，取出放冷后加入少许硝酸或双氧水润湿残渣，小心蒸干后再转入高温炉灰化直至灰化完全，取出冷却后用稀盐酸溶解，过滤后滤液供测定用。

该方法的特点是：有机物破坏彻底、操作简便、使用的试剂种类少、有利于降低空白值、操作者不需要时常观察，但是耗时较长、易造成挥发元素的损失。

湿法消化法是向待测样品中加入适当的酸、碱与强氧化剂，进行加热消煮使得样品中的有机物被全部分解、氧化，呈气体逸出，待测成分转化为无机物存在于消化液中，供检测用。该方法的特点是：分解温度低于干法灰化法，减少了挥发性金属的损失，应用范围较为广泛，但是操作过程中产生大量有害气体、试剂用量大、空白值偏大、需操作人员随时照管。

根据加入的氧化剂的不同，湿法消化法又分为以下几类。

（1）硫酸-硝酸法。硝酸和硫酸是对有机物具有强烈氧化作用、破坏力很强的试剂，硫酸-硝酸法是常用的一种有机物破坏法。操作时，在盛有样品的凯氏烧瓶中加入硝酸，小心混匀后，加热蒸发至较小体积，再加入硫酸和硝酸加热至白烟冒尽，继续进行消化直至溶液变为无色透明，冷却后将消解液小心加水稀释，转到容量瓶内，加水定容后供测定用。

（2）高氯酸-硝酸-硫酸法。除了含有挥发性元素以外的所有含金属毒物的生物样品均可用此法消化。高氯酸和硝酸对有机物的氧化能力比硫酸强，而所需消化温度都比硫酸低。基本同硫酸-硝酸法操作，不同点在于：中途反复加入的是硝酸和高氯酸（3∶1）的混合液。

（3）高氯酸（或双氧水）-硫酸法。在盛有样品的凯氏烧瓶中加浓硫酸，适量加热消化至淡棕色时放冷，加入数毫升高氯酸（或双氧水），再加热消化，如此反复操作直至消解完全时，冷却到室温，用水无损失地转移到容量瓶中，用水定容后供测试用。

（4）硝酸-高氯酸法。该混合酸适用于消化含有难以氧化的有机物的样品。在盛有样品的凯氏烧瓶中加入浓硝酸并加热，待反应停止后继续加入硝酸和高氯酸（1∶1）的混合液缓缓加热，待有机物完全消解时，小心继续加热至干，加入适量稀盐酸溶解定量后供测试用。

1.2.2.2 溶剂提取法

利用样品各组分在同一溶剂中溶解度的差异，去除分析干扰物和富集待测物质的方法，称为溶剂提取法。样品为固体时该法称为浸提，也即液-固萃取法。样品为液体时该法称为萃取，主要用于从溶液中提取某一组分，使其从一种溶剂中转移至另一种溶剂中，从而与其他成分分离，达到分离的目的。少量多次萃取或浸提技术中最常用的设备是索氏提取器，样品受热温度低、操作简单并且提取效率高，但缺点是耗时较长。

最近几年，超临界 CO_2 萃取技术和液态 CO_2 提取技术在食品界得到了越来越多的应用。这两种提取方法存在使用的溶剂化学惰性高、在最终样品中无残留、提取效率高、样品不必过于破碎的优势，主要应用于提取香精油、保健成分和其他天然有机成分。液态 CO_2 提取技术除了要求有低温条件以保证 CO_2 不大量挥发损失外，其他方面与一般的溶剂提取无任何差别。在超临界状态下，将超临界流体与样品接触，达到饱和提取后，CO_2 脱离超临界状态与待提取物质进行分离，再次反复提取和分离，从而将物质彻底完成提取和分离。当然，对应各压力范围所得到的萃取物不可能是单一的，但可以控制条件得到最佳比例的混合成分，然后借助减压、升温的方法使超临界流体变成普通气体，被萃取物质则基本或完全析出，从而达到分离提纯的目的，所以超临界 CO_2 萃取过程是由萃取和分离过程组合而成的。

1.2.2.3　蒸馏法

蒸馏法利用物质间不同的挥发性，通过蒸馏去除干扰组分或将待测组分蒸馏逸出，收集馏出液进行检测分析，是一种应用相当广泛的方法。该方法具有分离和净化双重效果。根据样品中待测成分性质的不同可分为常压蒸馏、减压蒸馏、水蒸气蒸馏等蒸馏方式。常压蒸馏主要适用于待测组分受热不易分解或沸点不太高的样品，加热方式有水浴、油浴和明火直接加热。减压蒸馏适用于采用常压蒸馏易使待测成分分解或蒸馏组分沸点过高的样品。水蒸气蒸馏适用于待测成分在沸点易发生分解或者沸点较高，进行直接加热蒸馏时样品会因受热不均易发生局部炭化。若待处理的物质耐高温，采用常压蒸馏的方法；若待处理的物质不耐高温，采用减压蒸馏或水蒸气蒸馏的方法。

近年来自动控制蒸馏系统的应用，更方便地控制加热的速度、蒸馏的温度，使得蒸馏法更加安全、有效。

1.2.2.4　沉析法

沉析法是利用沉淀反应进行分离的方法，在食品质量与安全的检测中是一种常用的分离技术。通过在样品中加入无机盐类或有机溶剂类，使被测组分溶解度降低而沉淀下来，或将干扰组分沉淀下来，经过过滤或离心将沉淀与母液分开，从而达到分离的目的。沉析法有以下 3 种常用方法。

（1）盐析　盐析是向蛋白质的液体分散系加入盐，使蛋白质表面的电荷大量被中和，水化膜遭到破坏，蛋白质因聚集而沉淀析出。影响盐析效果的因素有：盐离子强度和种类、生物分子浓度、pH 值、温度、操作方式等。

（2）有机溶剂沉析法　有机溶剂沉析法是在生物分子溶液中加入一定量乙醇或丙酮等有机溶剂，降低了水溶液的介电常数和破坏水化膜，生物分子在一定浓度的有机溶剂中溶解度具有差异而达到分离的方法。该方法适用于蛋白质、多糖的沉析。该方法较盐析法相比分辨能力高，沉淀后不用脱盐，在生化物质制备中应用较广，但存在易使生物活性大分子变性失活和需低温操作的缺点。

（3）等电点沉析　等电点沉析中，蛋白质的荷电状况与介质的 pH 密切相关。当 pH 达到蛋白质的等电点时，蛋白质就可能因失去电荷而沉淀。本方法适用于憎水性较强的蛋白质，例如酪蛋白在等电点时能形成粗大的凝聚物；但对于一些亲水性强的蛋白质，例如明胶，则在低离子强度的溶液中，调 pH 至等电点并不产生沉淀。该方法单独应用较少，常与其他方法联合使用。

1.2.2.5　结晶法

结晶法是分离和精制固体化学成分最常用的方法之一，是利用混合物中各成分在某种溶剂中的溶解度不同来达到分离的方法。溶剂或混合溶剂含有固体溶质的饱和溶液，加热蒸发溶剂或降低温度后，使原来溶解的溶质成为有一定几何形状的固体析出，而其他杂质仍留在母液中，这种现象称为结晶。

通常情况下，植物的化学成分在常温下多半是固体物质，常具有结晶的通性。因此，可以根据溶解度的不同，用结晶法来达到分离和纯化的目的。实验室常用结晶法进行植物有效成分的分离。一旦获得结晶，就能有效地进一步精制成为单体纯品。得到结晶并制备成单体纯品，就成为鉴定植物有效成分、研究其分子结构重要的一步。但是，并非由前面所述方法提取得到的所有的提取液都可以直接用结晶法分离、纯化，过多杂质的存在会干扰结晶的形成，有时少量的杂质也会阻碍晶体的析出。因此，结晶前应该先尽可能地除去杂质。

结晶作为一种悠久的分离技术，最早应用于食盐的制造，现在广泛应用于氨基酸、有机酸、抗生素生产过程中分离纯化的手段。

1.2.2.6　透析法

透析膜是一种半透膜，通常半透膜制成袋状，将生物大分子样品溶液置入袋内，扎紧袋口悬挂浸入水或者缓冲液中。半透膜只允许小分子透过，而大分子物质不能通过半透膜。根据此原理来达到分离目的的方法，称为透析法。经常更换清水使透析膜内外的浓度差增大，必要时可采用加热、搅拌、电透析的方法加大透析速度，直到小分子全部转移到透析液中，合并透析液后浓缩至适当体积，就可用来分析。透析的成功与否与透析膜的规格关系很大。透析膜的膜孔有大小之分，为了使透析成功，必须注意根据分离成分的分子颗粒大小，选择合适的透析膜。透析的动力是扩散压力，扩散压力是由横跨膜两边的浓度梯度形成的。通常在 4℃ 条件下透析，升高温度可加快透析的速度。透析是否完全需要对透析膜内溶液进行定性测定。

1.2.2.7　色谱法

色谱法也称层析法，是一种在载体上进行物质分离的一系列方法的总称，特别适合于少量、微量物质的分离。如果要对样品中一组结构和性质很相近的组分进行分析，一般的前处理很难消除它们之间的相互干扰。在食品质量与安全检验工作中，通常使用色谱法直接将样品中各种成分分开，以便于各个成分的测定。

　　色谱法是利用混合物中各组分在某一物质中的吸附能力、分配系数或亲和力的差异，当混合物溶液流经该物质时，在两相间进行反复的吸附或分配作用，从而将各组分分开。流动的混合物溶液称为流动相，固定的物质称为固定相。如果某组分和固定相的作用较弱，那它将在流动相的洗脱下较快地从层析体系中流出来；反之某组分和固定相的作用较强，它将较慢地从色谱体系中流出来。根据组分在固定相中的作用原理不同，色谱法可分为吸附色谱法、分配色谱法、离子交换色谱法等；根据操作条件的不同，又可以分为柱色谱法、薄层色谱法、纸色谱法、气相色谱法以及液相色谱法等。

1.3　分析方法的选择与数据处理

　　明确在食品质量与安全实验中如何正确选择分析方法、规范实验记录及评价所得的实验数据，并学会将得到的实验数据进行可靠性分析。

1.3.1　正确选择分析方法的重要性

　　对食品质量与安全进行分析检验一方面为市场监管和监

督部门对食品的品质和质量作出正确客观的判断和评定提供依据，另一方面也为生产部门能以合理的制备工艺生产出符合质量标准和卫生标准的产品提供数据参考，同时防止不合格的产品危害消费者的身心健康。在进行食品质量与安全分析时，需要对现有分析方法的分类有一定的了解，并要掌握分析方法的选择原则。分析方法的正确选择才能保证分析测定的速度和准确获得所需的数据，否则即使对采集的样品进行合理的制备和预处理，得到的分析结果达不到所需精度，也是徒劳无功。

1.3.1.1 分析方法的分类

方法的选择关键取决于测定的目的。例如，用于在线加工过程中的快速测定方法与用于检测营养成分标签所标示成分的法定方法相比，前者在精确度方面的要求较低。那些具有参考性、结论性，法定的或重要的方法，常用于装备良好、人员素质高的实验室中。速度较快的次要方法或现场方法主要用于食品加工厂的生产现场。根据对方法本身误差的认识，分析方法可分为以下3类。

（1）决定性方法。此类方法的准确度最高，系统误差最小，需要高精密度的仪器和设备、高纯试剂和训练有素的技术人员进行操作。决定性方法用于发展及评价参考方法和标准品，不直接用于常规分析。

（2）参考方法。此类方法已用决定性方法鉴定为可靠，或虽未被鉴定但暂时被公认可靠，并已证明其有适当的灵敏度、特异性、重现性、直线性和较宽的测定范围。参考方法的实用性在于评价常规方法，决定常规方法是否可被接受。新型分析仪器及配套试剂的质量也必须用参考方法进行评价。

（3）常规方法。该方法应有足够的精密度、准确度、特异性和适当的分析范围等性能指标。

1.3.1.2　分析方法的评价

食品样品待测成分的检测中常遇到对分析方法的选择，选择一种合理的分析方法需要进行周密的考虑，应选择出准确、稳定、简便、快速、经济的方法，可按下列步骤进行。①根据实验室现有的仪器、设备、技术和现有的技术人员等条件来选择适当的分析方法。②根据样品的特性选择所需分析方法，包括：制备待测液、定量某成分和消除干扰的适宜方法。③根据待测样品的数量和要求取得分析结果的时间来选择适当的分析方法，以达到简便、快速的目的。④根据生产和科研工作对分析结果准确度和精密度的要求选择适当的分析方法。⑤综合考虑以上因素，通过文献、资料查阅，初步确定分析方法，选择国家和国际上公认的分析检验方法进行样品分析，提高结果的可信度。⑥做一系列方法评价试验，考察方法误差的大小。

1.3.2　误差

1.3.2.1　误差的概念

通常在实际测量过程中，分析方法、仪器和试剂以及分析人员的操作水平等方面的限制，将会使测量结果与实际物理量本身有一定的偏差，这种偏差就称为误差。一般说来，测量都是存在测量误差的。无论使用的仪器多么精密、准确，采用的方法多么严密、完善，试剂纯度多高，测量者多么细心、负责，外界条件控制得多么完美，都不可能得到被测量的真值。可以说，误差存在于一切测量过程之中。因此了解分析过程中各种误差的来源特点，从而适当地设计和控制测定过程，并正确地处理实验数据，对于获得最终分析结果有极大的作用。

1.3.2.2　误差的分类和消除

根据误差的性质和特点分类，误差通常分为系统误差、随机误差和粗大误差 3 类。

（1）系统误差　系统误差是由实验方法本身不够准确、仪器本身不够精确、试剂纯度不够高和操作人员普遍存在着某种未纠正的错误操作引起的。它是相对于采用精确方法、精度很高的仪器和试剂及训练有素的操作人员的测定结果而言的。它具有单向性，增加平行实验次数和采用数理统计方法都不能消除此类误差。对于分析人员的习惯性操作失误带来的系统误差，必须在与训练有素的分析人员的分析结果的对照中才能发现。

（2）随机误差　随机误差又称偶然误差，是由实验条件、操作和读数等发生难以避免的随机波动引起的。随机误差主要是由于各种互不相关的独立因素，对测量所产生综合影响造成的。随机误差的大小决定实验结果的精密度，它具有双向性，服从统计规律，可以通过增加实验次数予以减小。在采用置信区间表达分析结果时，随机误差的范围同时被给出，因此随机误差的存在常常并不强烈影响分析结果。

（3）粗大误差 粗大误差的测量值明显偏离真值，一旦发现含粗大误差的异常数据，应从测量结果中剔除。这种误差是由客观外界条件的改变或操作人员的错误记录造成的。为了及时发现和防止测量值中存在粗大误差，可采用不等精度测量和彼此之间进行校核法。

1.3.2.3 允许误差

允许误差为绝对误差的最大值，仪表量程的最小分度应不小于最大允许误差。允许误差是人们对分析结果的准确度和精密度提出的合理要求。所谓合理，是因为它是在综合考虑了生产或科研的要求、分析方法可能达到的精密度和准确度、样品成分的复杂程度和样品中待测成分的含量高低等因素的基础之上提出的。

1.3.3 测定方法的预评价

一种方法可否被采用，必须考察其精密度、准确度、灵敏度和重现性等是否达到要求。只有达到一定的要求，才能从方法上保证分析结果的误差在允许误差范围内。

1.3.3.1 测定方法的精密度和标准曲线

精密度是指在确定条件下，反复多次测量所得结果之间的一致程度，即测定结果的重复性，因而它常常用分析的重现性来表示。考察评价精密度的工作很重要，精密度越高，说明分析方法、仪器、试剂和操作越可靠和稳定，这也是定量分析所必需的。评价样本分析结果的精密度最常用标准偏差和变异系数。

标准曲线是用于描述被测成分的浓度或含量与相应仪器的响应量或其他指示量之间定量关系的曲线。在仪器分析中，常作标准曲线。标准曲线虽说是曲线，但实际分析中仅用直线部分，标准曲线直线部分所对应的被测物质浓度或含量范围，称为该方法的线性范围。标准曲线应满足线性相关系数 $r \geqslant 0.999$，在线性范围内要有 4～6 个浓度点。该曲线的斜率或该方程自变量前的系数的大小可表示该仪器或方法的灵敏度，而该回归方程的相关系数越高，则初步反映该方法的精密度可能越高。

1.3.3.2 分析方法重复性和再现性的初步估计

一种分析方法要被采用必须具备令人满意的重复性和再现性。重复性是一个数值，指在保持仪器、设备、试剂等不变的条件下，由同一实验操作者进行试验，所得结果的一致性程度。任意两次平行测定的结果值之间的绝对差以 95％ 的概率小于该值。再现性也是一个数值，是指当操作条件尽量不同的条件下，所得结果的一致程度。显然，重复性和再现性分别是不同前提下的两次测定值差别的上限，它们越小越好。

1.3.3.3　检出限的求取

检出限即检测下限，可定义为用该方法以 95％的置信度检出的被测定组分的最小浓度。在进行微量组分含量测定时，检出限必须小于或等于要求的程度。在计算检出限之前，先要规定一个检出标准。检出标准是被检物的一个含量或浓度，它的含义在于，只有当一个测定结果高于检出标准，才确信检出的物质是存在的。检出限是分析方法灵敏度和精密度的综合指标，测定方法的灵敏度和精密度越高，对应的检出限就越低。所以说检出限是评价分析测定方法和仪器性能的主要技术指标。

1.3.3.4　回收率

在待测样品或空白样品中，添加一定量的标准品后按照拟定的分析方法进行测定，求得样品回收率数据，回收率是检验分析方法准确度的一种常用方法。经过测定后，如果加入的标准被测成分被很准确定量测出，就判定这种方法的准确度很高；如果加入的标准被测成分不能被准确定量测出，但分析的精密度仍保持较高，就判定这种分析方法存在系统误差。一般情况下，回收率在 95％～105％可接受。

1.3.4 实验记录和数据整理

1.3.4.1 实验预习

为了保证每次实验均安全、有序、顺利完成，达到预期的效果，实验前应做好充分的预习和必要的准备工作。保证学生能认真地进行实验预习与了解实验过程的正确操作，方可使实验能够顺利进行，取得好的实验效果。让学生在课前阅读教材和相关参考资料，从而熟悉实验目的，了解实验室安全规则；仔细阅读实验内容、领会实验原理、了解有关实验步骤和注意事项；此外还需要查阅有关化合物的物理常数，熟悉用到的试剂的性质和仪器的操作方法，安排好实验计划，实验记录本上写出预习报告。报告应包括：实验的目的和要求、实验原理、用到仪器和耗材、详细实验步骤、注意事项以及实验过程中可能出现的危险及处理方法等。

1.3.4.2 实验记录的基本内容

实验记录作为科学研究的第一手资料，必须记录在专门的记录本上，是整理实验报告和研究论文的根本依据，也是培养学生严谨科学作风和良好工作习惯的重要环节。在实验进行的过程中，为了确保实验结果的准确性，不仅要认真操作、仔细观察、积极思考，还应真实地将实验现象、实验条件和实验数据进行记录。实验记录要求真实、认真和清晰，绝不允许伪造或拼凑，不得任意撕页，现场记录，不能凭借记忆补记或者修改。实验记录必须易于查看，能够让课题组负责人、导师及其相关人员了解实验过程及结果。实验记录需修改时，应该以划线方式删掉原来的内容，但须保证仍可辨认，避免直接在某位数字上进行修改或完全涂黑。不可以将实验情况记录在便条纸、纸巾等容易丢失或损坏的地方。除了记录正常的实验现象外，对实验中出现的异常现象也要认真记录，经分析认为这种异常会对实验的正常进行产生严重干扰时，应立即纠正。在找出原因时，或加以科学修正，或从头另做，不得忽视或忽略。

一个完整的实验记录本不仅要记录实验要点和注意事项，还应包括以下 4 点：

（1）每一步操作所观察到的操作控制因素和实验现象。操作控制因素如反应的温度、反应的时间、加样的方式等。实验现象如物料的溶解情况、溶液的浑浊度、有无色泽变化等，特别是和预期不同的异常现象应如实记录。

（2）实验后对粗产品的处理纯化过程和测得的各种数据，如沸程、熔点、折光率、产品称量数据等。

（3）产品的性状，如颜色、物理状态等。

（4）具体操作过程中出现的不足和失误等。

1.3.4.3　实验报告

实验操作完成后，应根据所做实验撰写实验报告。食品质量与安全实验的实验报告主要包括：实验项目、实验样品、实验仪器和试剂、实验步骤、分析方法、原始数据和讨论。实验报告通过分析实验现象、归纳整理实验的结果和问题，加深对有关理论和技术的理解与掌握，提高分析、综合、概括问题的能力，同时也增加撰写研究论文的能力。

1.3.4.4 原始数据记录和整理

原始数据的记录既反映测量值的大小，又反映测量值的准确度，所以控制实验原始数据的误差是控制整个实验误差的基础。一般常用有效数字来体现原始数据的可信度，有效数字是指实际测量到的数字。有效数字保留的位数与实验中使用的量具和仪器所能达到的精确度有关。准确地记录原始数据是将整个实验的随机误差控制在分析工作要求的范围内，并且为发现系统误差打好基础。将随机误差控制到允许的范围内后，比较现用分析方法和仪器的分析结果与用精确方法和仪器的分析结果，就会发现系统误差是否存在和其大小。只有当随机误差和系统误差都控制在允许范围时才能得到满意的分析结果。在食品质量与安全分析工作中，应当按所要求达到的准确度来控制误差。在选择的方法和实验室仪器的固有精度能够达到分析要求的前提下，各步操作和其记录的误差范围可以适当灵活控制。

原始数据信息庞大，在结果计算和误差分析中并不全用，另外直接用原始记录进行结果计算和误差分析很不方便，因此需要对原始数据进行整理。对于具体的分析工作，数据整理要求用准确清晰的格式把实验中的原始数据列出来。数据整理完成后，在计算分析结果时，每个测量的误差都要传递到结果中去。必须根据误差传递规律，按照有效数字运算法则，合理取舍，才能保证最终所得数据的准确度。

1.3.5　数据的统计处理

1.3.5.1　可疑数据的取舍

通过对分析计算结果的观察，有时有个别的数据与其他数据相差较大，它们为可疑数据。如果测量的这些特殊值有充分的理由确定是因本次实验存在着过失误差或偶尔的电压波动等因素造成的误差，或可能是感觉和初步判断为过分灵敏等原因造成的，应剔除明显歪曲实验结果的测量值，保证分析结果更符合客观实际。但是，有时对这些看似错误的数据，通常查不出任何问题，则需要按照一定的准则，通过科学判断和取舍，正确判断可疑值的性质。正确决定其取舍的方法有莱茵达准则、肖维纳准则、格拉布斯准则和 t 检验准则等。

1.3.5.2　精密度评价

考察评价精密度的工作很重要，精密度是保证实验所得数据准确度的先决条件。精密度差所得的结果不可靠；精密度越高，说明分析方法、仪器、试剂和操作越可靠、稳定。这是定量分析所必需的，但精密度高不能保证所得的结果准确度也高。评价样本分析结果精密度的最常用指标是样本标准差（S）和变异系数（CV）。另外，精密度的评价通常用来评价设备的不精密度，即设备在一定时间内的变异性。因影响设备精密度的变异源较多，通常在精密度评价时需充分考虑所有引起总不精密度的因素。

1.3.5.3　分析结果的可靠性检验

在分析精密度达到测定要求后，并不意味着分析结果一定可靠，需进一步对得到的数据进行可靠性分析，才能科学准确地判断分析结果的可靠性。可靠性检验一般包括准确度估计和分析方法可靠性检验。

（1）准确度估计

准确度是指实际的测量值与真值的接近程度。准确度的高低通常以误差的大小来衡量。即误差越小，准确度越高；误差越大，准确度越低。准确度主要是由系统误差决定的，它反映测定结果的可靠性。

在真值已知的情况下，例如已从权威的资料报道中查出被测样品中被测物的含量时，可以将该报道值当作真值。分析结果的准确度误差有两种表示方法：绝对误差和相对误差。但在真值是未知的情况下，在实际工作中人们常用标准方法通过多次重复测定，所求出的算术平均值作为真值。因为实际测量的值可能大于或小于真值，所以绝对误差和相对误差可能有正、有负。但值得注意的是这种判断必须在已知该分析方法和所用的试剂均可靠的前提下才可信。

（2）分析方法可靠性检验

总体均值的检验——t 检验法是在真值（用 μ_0 表示）

已知，总体标准差（σ）未知，用 t 检验法检验分析方法有无系统误差时采用的方法。

两组测量结果的差异显著性检验——F 检验与 t 检验结合的双重检验法，适用于真值未知的情况。

◆▶ 参考文献 ◀◆

[1] 贾树队，巩立新，卢剑霞. 食品安全培训教材［M］. 北京：中国医药科技出版社，2009.

[2] 黄晓钰，刘邻渭. 食品化学与分析综合实验［M］. 北京：中国农业大学出版社，2009.

[3] 王永华. 食品分析［M］. 第 2 版. 北京：中国轻工业出版社，2010.

[4] 李文芳. 卫生检验学［M］. 武汉：湖北科学技术出版社，2005.

[5] 万国生. 疾病预防控制应知应会［M］. 兰州：甘肃科学技术出版社，2014.

[6] 鲁长豪. 食品检验［M］. 成都：四川科学技术出版社，1987.

[7] 林忠华. 典型精细化学品质量控制分析检测［M］. 杭州：浙江大学出版社，2015.

[8] 黄国伟. 食品化学与分析［M］. 北京：北京大学医学出版社，2006.

[9] 李德海. 食品化学与分析技术［M］. 哈尔滨：东北林业大学出版社，2012.

[10] 郑用熙. 分析化学中的数理统计方法［M］. 北京：科学出版社，1986.

[11] 焦云飞. 分析化学中常用数理统计方法［M］. 贵州：贵州人民出版社，1990.

[12] 赵晓娟，黄桂颖. 食品分析实验指导［M］. 北京：中国轻工业出版社，2016.

[13] 汪开拓. 食品化学实验指导［M］. 长沙：中南大学出版社，2016.

[14] 冯翠萍. 食品卫生学实验指导［M］. 北京：中国轻工业出版社，2014.

[15] 杜双奎. 食品试验优化设计［M］. 北京：中国轻工业出版社，2011.

[16] 王双飞. 食品质量与安全实验［M］. 北京：中国轻工业出版社，2009.

［17］汪东风.食品科学实验技术［M］.北京：中国轻工业出版社，2006.

［18］汪东风.食品质量与安全实验技术［M］.第 2 版.北京：中国轻工业出版社，2011.

［19］黄晓钰，刘邻渭.食品化学综合试验［M］.北京：中国农业大学出版社，2002.

［20］敬思群.食品科学实验技术［M］.西安：西安交通大学出版社，2012.

第2章 专业综合创新实验及实施

2.1 设立专业综合创新实验的目的和意义

创新性实验教学是高校专业教学中的重要内容，也是实现通识教育和创新人才培养目标的重要环节。2016年召开的全国科技创新大会提出，我国要在2020年进入创新型国家行列，2030年进入创新型国家前列，2050年成为创新强国。培养创新型人才满足国家需求，对高校实验教学提出了更高的要求，要求高校实验教学要着力培养学生的社会责任感、创新精神、法制意识、实践能力。实验教学在培养学生的知识创造能力、知识应用能力和创新实践能力方面起着举足轻重的作用，因而，以培养学生知识创造与创新能力为主的实验教学得到高校普遍重视。开展综合创新性实验是激发大学生创新思维，提高创新能力的主要教学手段。专业综合创新性实验的开设使学生在系统掌握专业理论知识的同时，走进科学探索研究的领域，通过实验、讨论、启发、分析等多种方式，感性认识物理现象，验证理论与实验结果，并指导实际应用，从而培养学生的创造知识能力和动手实践能力。进一步了解掌握科学问题和工程实际中的实验方法、检测技术原理及其发展现状，进而掌握系统的实验知识体系，提高综合实践能力，将专业理论与创新实践有机结合，培养学生独立分析、解决科学及工程问题的能力，增强学生的探索与创新精神，为科学研究和新工科领域人才的培养提供重要的支撑，对于培养高层次、多样化的创新人才具有重要的意义。

2.2　专业综合创新实验开设原则

为了培养学生独立思考、独立操作、理论联系实际和融会贯通的能力，整个实验过程遵循以学生为主、教师为辅的原则，即教师根据培养方案和教学大纲要求，提出实验的方向、目的和要求、基本程序和考核目标，而整个实验实施的各个环节均由学生团队独立完成。通过学生在规定的时间提交的阶段性成果，教师作必要的指导及评价。

2.3　专业综合创新实验实施步骤

实验一般由 3～5 人组成团队，充分发挥团队合作精神共同完成以下整个实验实施。

（1）选题

结合食品质量与安全领域研究热点和区域食品行业发展，设立与食品质量与安全专业其他学科相结合的研究性综合实验。要求学生在规定时间内完成实验研究，通过实践，使学生不但可以巩固所学专业基础知识和方法，还可提高设计实验方案、选择实验方法、动手操作方面的能力，并培养良好的实验习惯，加强团结协作精神。

（2）资料查阅

学生通过学校图书馆、各种文献索引和文献摘要提供的信息，特别是通过计算机互联网进行信息检索，查阅相关文献，并对各文献中的研究方法和结果进行全面系统分析后进行总结归纳，在规定时间提交研究论文。

（3）实验方案制定

实验前学生根据提供的参考资料需制定周密和具体的实验方案，包括实验条件是否具备、实验药品是否购买便利、实验步骤是否详尽、实验结果处理方法是否可行、对于可预料到的实验中可能出现的各种问题是否具备处理方案等。应在尽可能少的实验次数下，得到尽可能多的准确并完整的实验结果。在规定时间内提交实验方案并由指导教师审阅批改后确定实验方案。

（4）实验开展

整个实验过程中团队分工合作很重要，各成员均应秉持严谨的科学态度和探索真理的科学精神进行各项实验工作，同时充分发挥观察力、想象力和逻辑思维判断力，对实验中出现的各种现象、数据进行分析与评价。实验可按如下 3 步开展。

① 实验准备：实验所用试剂、仪器、设备的准备。

② 预备实验：在正式开展实验前，对一些实验应进行预备实验，主要是筛选和熟练实验方法，为正式实验做好准备。

③ 正式实验：实验过程中要做到观察的系统性、客观性、全面性、辩证性，即要连续且完整地观察实验全过程，对客观现象应如实反映，将与客观现象有关的各个因素联系起来，把握实质，能够分辨实验结果的偶然性和必然性。

（5）**实验数据整理**

运用已学习过的数据处理方法，对实验结果进行整理、归纳并准确分析。在此基础上，通过逻辑思维，找出其中规律，为下一步撰写论文做准备。

（6）**论文写作**

科技论文一般包括以下几部分：标题、作者、中英文摘要、关键词、引言、正文、结论、参考文献、附录等。

实验型论文正文一般有材料与方法、结果、讨论 3 个部分。若内容较少，也可把方法与结果合为一个部分，也可把结果与讨论合为一个部分。

（7）**成绩评定**

实验以 3～5 人形成团队开展实验，整个实验过程，各成员应合理分工，并在规定时间提交阶段性成果，指导教师根据学生对参考资料的掌握程度、实验方案的制定、实验过程表现和研究论文质量作出综合成绩评定，并开展讨论交流。

2.4 选题范例参考

2.4.1 食品加工工艺对产品质量的影响研究

2.4.1.1 食品加工处理对熟肉制品品质影响研究

（1）目的要求

比较分析不同加工处理方法得到的熟肉制品在不同贮藏温度、贮藏时间下的品质变化，探索其最佳贮藏温度和时间，为优化不同类型熟肉制品的贮藏条件提供理论参考。

（2）实验内容提要

① 设计并完成一套在实验室条件下生产不同类型熟肉制品的方法；

② 不同类型熟肉制品在不同贮藏温度和贮藏时间下的品质影响实验。

2.4.1.2 食品加工处理对面包老化的影响研究

（1）目的要求

面包作为一种方便食品很易发生老化，不易保存，只宜鲜食，使其发展受到限制。通过面包制作，进一步掌握淀粉老化的机理和影响因素。

（2）实验内容提要

① 设计并完成一套在实验室条件下生产某种面包的配

方及工艺；

　　② 影响面包老化因素实验。

2.4.1.3　食品加工处理对果酱褐变的影响研究

（1）目的要求

　　褐变是食品中普遍存在的一种变色现象，尤其是新鲜果蔬原料进行加工时或经贮藏或受机械损伤后，食品原来的色泽变暗，会给产品带来令人不愉快的感官体验。通过本实验进一步掌握褐变的机理和影响因素。

（2）实验内容提要

　　① 设计并完成一套在实验室条件下生产某种果酱的配方及工艺；

　　② 分析影响果酱褐变的因素。

2.4.2　食品质量评价

2.4.2.1　功能食品质量评价

（1）目的要求

　　通过实验掌握功能食品质量评价及功能食品的质量要求，巩固已学过的分析测定方法。

（2）实验内容提要

　　① 选择市面出售的功能食品，按照国家标准要求进行原料和辅料评价、感官评价，理化指标、卫生指标以及食品

添加剂评价指标的测定；

② 对比评价同一种类不同品牌的功能食品的质量品质。

2.4.2.2 发酵乳制品质量评价

（1）目的要求

通过本实验掌握评价发酵乳制品的质量标准，掌握评价发酵乳制品质量指标的分析测定方法。

（2）实验内容提要

① 选择市售发酵乳制品，按国家标准要求进行原料评价、感官评价，乳酸菌数、理化指标、卫生指标以及食品添加剂评价指标的测定；

② 比较不同种类不同品牌的发酵乳制品质量品质。

2.4.2.3 蜜饯类食品质量评价

（1）目的要求

通过本实验掌握评价蜜饯类食品的国家质量标准，掌握评价蜜饯类食品质量指标的分析测定方法。

（2）实验内容提要

① 选择市售蜜饯类食品，按国家标准要求对产品的原料、感官评价，理化及卫生指标测定；

② 比较不同种类不同品牌的蜜饯食品质量品质。

2.4.3 添加剂对食品作用影响研究

2.4.3.1 乳化剂对乳饮料稳定性的影响研究

（1）目的要求

通过实验进一步认识到乳饮料在生产和贮藏过程中存在的不稳定因素，本实验是研究不同种类的乳化剂对某种乳饮料稳定性的影响，并对其作用机理进行分析。

（2）实验内容提要

① 设计在实验室条件下生产一种乳饮料的基本配方和工艺；

② 不同乳化剂对该种乳饮料稳定性影响实验；

③ 对乳化剂的作用机理进行分析。

2.4.3.2 常用食用胶对烘焙食品品质的影响研究

（1）目的要求

本实验主要目的是研究不同来源、组成、结构的食用胶对某种焙烤类食品的烘焙特性和长期贮藏过程中老化特性的影响，为食用胶应用于焙烤食品中提供一些基础理论依据。

（2）实验内容提要

① 设计在实验室条件下生产一种焙烤类食品的基本配方和工艺；

② 不同食用胶对该种焙烤食品品质影响实验。

2.4.3.3 常用胶凝剂对果冻品质的影响研究

（1）目的要求

熟悉几种常见胶凝剂的溶解性能；了解各种因素对其凝胶性能（凝胶强度、黏弹性、持水性）的影响；掌握不同胶凝剂对果冻品质的影响。

（2）实验内容提要

① 研究几种常见胶凝剂的溶解性能，研究各种因素对其凝胶性能（凝胶强度、黏弹性、持水性）的影响；

② 设计在实验室条件下生产一种创新性果冻的基本配方和工艺；

③ 不同胶凝剂对该种果冻品质的影响实验。

2.4.4 分析方法的筛选与比较研究

2.4.4.1 不同分析方法的比较研究

（1）目的要求

通过实验来认识测定同一指标在使用不同实验方法时所得实验结果的差异，以此分析不同实验方法的优缺点，进而认识到准确选择合适的实验方法的重要性。

（2）实验内容提要

提供某一种食品，让学生选择不同的实验方法测定该食品中的同一成分，通过实验方法操作难易程度、时间长短、实验结果的准确性和精确性对比分析不同实验方法的优缺点。

2.4.4.2　分析项目和分析方法的筛选

（1）目的要求

　　通过本实验使学生灵活运用本课程所学知识，从而培养学生分析和解决问题、理论联系实践等方面的能力。

（2）实验内容提要

　　给出不同品牌同一种类的食品，要求学生比较它们的营养价值或安全性。学生们应该通过分析判断选择有效的测定指标，根据指标选择合适的检测方法，通过实际实验得出相应的实验结果和结论。

2.4.5　××地区食品中有害物质调查分析与风险评估

（1）目的要求

　　食品安全关系到群众的生命健康和社会的和谐稳定，是影响人体安全健康的重要公共卫生问题。为了解××地区食品中有害物质污染状况，将对该地区市售食品污染物检测并进行风险评估，以便发现食品安全隐患，进行风险预警，降低食源性疾病发病率，为食品安全监督管理提供依据。

（2）实验内容摘要

　　根据××地区污染物特点和居民膳食消费数据，选定调查食品中有害物质种类。根据《国家食品安全监督抽检实施细则（2020 年版）》等进行样品采集，根据 GB 5009—2017《食品卫生检验方法理化标准》《2018 年国家食品污染和有害因素风险监测工作手册》等相关方法测定相关指标。常规食品中污染物检测项目和食品种类见表 2-1。各项目指标依据 GB 2763—2019《食品中农药最大残留限量》、GB 2762—2017《食品中污染物限量》、GB 31650—2019《食品中兽药最大残留限量》、GB15193.1—2014《食品安全国家标准食品安全性毒理学评价程序》等相关标准进行评价。

表 2-1　食品中污染物检测项目和食品种类

污染物种类	检测项目	食品种类
重金属	铅、镉、铬、总汞、总砷、铝	鲜野生菌、干野生菌
农药残留	甲胺磷、氯唑磷、毒死蜱、氧乐果、甲拌磷等 23 种杀虫剂；五氯硝基苯、腐霉利、百菌清、福美锌等 18 种杀菌剂；9,10-蒽醌	蔬菜、水果、茶叶
植物生长调节剂	多效唑、2,4-二氯苯氧乙酸、噻苯隆、氯吡脲、4-氯苯氧乙酸	蓝莓、草莓、葡萄、猕猴桃
兽药残留	氧氟沙星、培氟沙星、诺氟沙星、洛美沙星等 11 种喹诺酮类兽药；土霉素、金霉素、四环素、强力霉素；金刚烷胺、利巴韦林、甲硝唑；克伦特罗、沙丁胺醇、特布他林、莱克多巴胺；五氯酚钠、氯霉素、喹乙醇、硫酸黏菌素、磺胺喹噁啉	猪肉、牛肉、羊肉、兔肉、鸡肉、鸡蛋、猪肝、羊肝、牛肝、蜂蜜
有机污染物	双酚 A、双酚 S	淡水鱼
微生物指标	菌落总数、大肠菌群、大肠埃希氏菌计数、金黄色葡萄球菌、单增李斯特菌、沙门氏菌、蜡样芽孢杆菌、副溶血性弧菌、商业无菌、霉菌、酵母菌	寿司、沙拉、巴氏杀菌乳、灭菌乳、调制乳、干酪、再制干酪、钵钵鸡、冷锅串串、肉制品

◆ **参考文献** ◆

［1］ 黄晓钰，刘邻渭.食品化学与分析综合实验［M］.北京：中国农业大学出版社，
　　　 2009.

［2］ 王永华.食品分析［M］.第 2 版.北京：中国轻工业出版社，2010.

［3］ 李文芳.卫生检验学［M］.武汉：湖北科学技术出版社，2005.

［4］ 贾永霞.创新性实验教学的探究与实践［J］.实验室研究与探索，2018，37
　　　（12）：206-208.

［5］ 赵鸾，章杰.贮藏温度、时间和加工工艺对熟肉制品品质的影响［J］.南方农
　　　 业，2017，11（24）：121-123.

［6］ 潘广坤，吉宏武，刘书成，等.食用胶对深度油炸面包虾品质的影响［J］.食品
　　　 工业科技，2013，34（14）：305-310.

［7］ 范婷婷，岳征，李树标.复配胶体对面包烘焙品质的影响［J］.发酵科技通讯，
　　　 2017，46（03）：183-187.

［8］ 陈龙，林艳春，王冬梅，等.不同大豆蛋白卵磷脂相互作用对乳化特性的影响
　　　［J］.食品工业，2018，39（02）：222-225.

［9］ 毕爽，朱颖，齐宝坤，等.大豆分离蛋白与卵磷脂间相互作用对 O/W 型乳状液
　　　 稳定性的影响［J］.食品科学，2017，38（09）：79-84.

［10］ 陈诗晴，王征征，姚思敏薇，等.不同杀菌方式对贮藏过程中猕猴桃低糖复合果
　　　 酱品质的影响［J］.食品工业科技，2018，39（05）：53-58+64.

［11］ 赵勇，冉娜，郭利芳，等.香蕉果酱抗褐变工艺研究进展［J］.广东化工，
　　　 2015，42（18）：117.

［12］ 邵颖，魏宗烽.影响面包老化因素研究进展［J］.粮食与油脂，2009（07）：
　　　 9-10.

［13］ 何玲玲，罗赟，刘颜，等.2017 年绵阳市食品污染物监测结果［J］.职业与健
　　　 康，2018，34（19）：2659-2661.

第3章 复合饮料的配制及其质量分析

——以"盐地碱蓬复合饮料的配制及其质量分析"为例

3.1　背景知识

3.1.1　复合饮料

　　饮料是以水为原料，通过不同的工艺和配方生产出来供人们饮用的液体食品。饮料不但可以提供给机体水分，还可以提供各种营养成分。有些饮料保持着原料天然特性及风味口感，有些饮料经过调配可以满足不同消费群体的需求。饮料种类繁多，口感风味多样，深受广大消费者青睐。

　　复合饮料是指由两种或两种以上食物原料以一定的比例进行配制，并加入适量的白砂糖、柠檬酸等物质，制成营养丰富、口感较好的饮料。配制饮料的食品原材料多种多样，有水果、蔬菜、花茶、谷物、中草药、奶类制品等。复合饮料可以使原料营养成分得到补充，也可以借助各成分独有风味，制成感官较好的饮品。复合饮料的制备过程主要有制取原汁、原汁混合、调配、均质、脱气和杀菌等。常见制取原汁的方法有压榨法、溶剂萃取法、加热浸提法、酶解浸提法和冷冻离心法等。水果和蔬菜一般采用压榨法。含有丰富胶质和氧化酶类的果蔬采用压榨法加工出来的原汁，容易褐变，出汁率不高；采用加热压榨法制取原汁，可以防止果蔬汁色泽变化和提高出汁率。溶剂萃取法利用有机溶剂萃取汁液，但此方法容易产生溶剂残留。干果和谷物等适用加热浸提法提取原汁。酶解浸提法适用于含有大量果胶物质、纤维素和淀粉，并且细胞壁比较坚硬的原料，常用酶类有纤维素酶、果胶酶、蛋白酶和淀粉酶等。这些酶类可以使原料的细胞壁降解，也可以水解原料中的一些大分子物质以提高出汁率，同时能提高饮料的营养价值。冷冻离心法将冷冻与离心结合，先将原料彻底冷却，使细胞壁破坏，然后在解冻的条件下离心使细胞组织液渗出，这种方法不仅高效，还可以保持果汁原有风味。

由于原汁对复合饮料的口味、色泽、气味等感官指标和复合饮料的总糖、总酸、维生素 C 含量等理化指标的影响不同，在制备前需确定原汁的比例和添加量。常用的原汁混合分析方法有 4 种：①利用 SAS 软件分析原汁复配，此方法先分析原汁主要成分，再利用 SAS 软件进行混合实验，根据响应值得到回归方程，预测得到最佳配比，再经过实验验证，确定最优配方；②先对原汁进行正交试验，再利用软件进行方差分析，以感官评分为标准，确定原汁添加量；③先对原汁进行正交试验，再分析各原汁因子之间的相关关系，确定复合原汁的决定因素，再通过此因素优化配方；④采用 Design Expert 软件设计，建立各原汁添加量与复合饮料感官品质之间回归模型，研究各原汁添加量与响应变量之间关系，再评价各原汁及其交互作用，随后优化各组分。

为了使复合饮料在口感、色泽、风味、营养和稳定性等方面达到最好效果，一般需要进行糖酸调配和稳定剂调配。糖调配中，常用的调味物质有蔗糖、白砂糖、阿斯巴甜、木糖醇和安赛蜜等。酸调配中，常用的酸味剂主要有柠檬酸、柠檬酸钠和苹果酸等。稳定剂调配可以使饮料具有良好的稳定性。复合饮料经常由于物理、化学作用而产生沉淀，加入一种或多种稳定剂可以使复合饮料均一稳定，具有良好的稳定性。稳定剂一般有黄原胶、羧甲基纤维素钠、果胶、卡拉胶和海藻酸钠等。

复合饮料的稳定性受 pH 值、电解质、颗粒大小、分散相的成分和浓度、微生物等影响，其中颗粒大小对稳定性的影响较大。依据斯托克斯定律，液体中固体微粒的沉降速度与微粒半径的平方成正比，若使饮料中成分颗粒微粒化，饮料体系能保持较好的稳定性。一般常用的均质微粒化方法有三种：一种是高压均质法，一种是高剪切均质法，一种是超声波均质法。高压均质法原理是原料在高压下经过均质腔，经过高剪切力和撞击力等机械作用，使料液中较大颗粒微粒化，形成稳定均一液体；高剪切均质法是利用均质机转子的高速旋转使原料获得较大速度，经过均质机内狭小缝隙，在剪切、撞击和空穴等多种作用下，使颗粒微粒化，达到均质目的；超声波均质法是利用超声波作用物料，通过搅拌和空穴作用达到均质目的。

脱气是采用一定方法将生产过程中各个环节混入产品中的空气去除的过程。原料细胞间隙存在的空气加上吸附溶解在饮料中的空气，使饮料中气体含量增加。这些气体在饮料加工过程中会使饮料发生褐变而产生色泽变化，同时饮料中的某些营养成分也容易被氧化而使营养价值降低，另外，饮料中的氧气导致好氧细菌繁殖，缩短饮料保质期。因此，对饮料进行脱气处理是必要的。常见的脱气方法有真空脱气、加热脱气、酶法脱气和化学脱气等。

饮料在加工过程中最常用的杀菌方法有巴氏杀菌、高温短时杀菌和超高温瞬时灭菌三种。巴氏杀菌采用较低的温度，可以使饮料在质量变化较小的情况下杀死病原菌；高温短时杀菌是将饮料在100℃到130℃的条件下进行杀菌，由于作用时间短，可以保证饮料质量，但此种方法细菌残留量大；超高温瞬时杀菌是将饮料快速加热到135~150℃，作用2~8s后迅速冷却，此方法杀死细菌完全，对饮料质量影响小。

3.1.2 饮料安全性评价

评价食品生产、加工、保藏、运输和销售过程中使用的化学和生物物质以及在这些过程中产生和污染的有害物质，食物新资源及其成分和新资源食品，可采用安全性评价措施来评估其食用安全性。因此可以依据《食品安全国家标准 食品安全性毒理学评价程序》（GB 15193.1—2014）和《食品安全国家标准 饮料》（GB 7101—2015）对所研制饮料进行安全性评价。

第一阶段：急性经口毒性试验。如 LD_{50} 小于人的推荐（可能）摄入量的100倍，则一般应放弃该受试物用于食品，不再继续进行其他毒理学试验。

第二阶段：遗传毒性试验。如遗传毒性试验组合中两项或以上试验阳性，则表示该受试物很可能具有遗传毒性和致癌作用，一般应放弃该受试物应用于食品。如遗传毒性试验组合中一项试验为阳性，则再选两项备选试验（至少一项为体内试验）。如再选的试验均为阴性，则可继续进行下一步的毒性试验；如其中有一项试验阳性，则应放弃该受试物应用于食品。如三项试验均为阴性，则可继续进行下一步的毒性试验。

第三阶段：28d 经口毒性试验。对只需要进行急性经口毒性试验、遗传毒性试验和 28d 经口毒性试验的受试物，若试验未发现有明显毒性作用，综合其他各项试验结果可作出初步评价；若试验中发现有明显毒性作用，尤其是有剂量反应关系时，则考虑进行进一步的毒性试验。

第四阶段：90d 经口毒性试验。根据试验所得的未观察到有害作用剂量进行评价，原则是：①未观察到有害作用剂量小于或等于人的推荐（可能）摄入量的 100 倍表示毒性较强，应放弃该受试物用于食品；②未观察到有害作用剂量大于 100 倍而小于 300 倍者，应进行慢性毒性试验；③未观察到有害作用剂量大于或等于 300 倍者则不必进行慢性毒性试验，可进行安全性评价。

第五阶段：致畸试验。根据试验结果评价受试物是不是实验动物的致畸物。若致畸试验结果阳性则不再继续进行生殖毒性试验和生殖发育毒性试验。在致畸试验中观察到的其他发育毒性，应结合 28d 和（或）90d 经口毒性试验结果进行评价。

第六阶段：生殖毒性试验和生殖发育毒性试验。根据试验所得的未观察到有害作用剂量进行评价，原则是：①未观察到有害作用剂量小于或等于人的推荐（可能）摄入量的100倍表示毒性较强，应放弃该受试物用于食品；②未观察到有害作用剂量大于100倍而小于300倍者，应进行慢性毒性试验；③未观察到有害作用剂量大于或等于300倍者则不必进行慢性毒性试验，可进行安全性评价。

第七阶段：慢性毒性和致癌试验。根据慢性毒性试验所得的未观察到有害作用剂量进行评价的原则是：①未观察到有害作用剂量小于或等于人的推荐（可能）摄入量的50倍者，表示毒性较强，应放弃该受试物用于食品；②未观察到有害作用剂量大于50倍而小于100倍者，经安全性评价后，决定该受试物可否用于食品；③未观察到有害作用剂量大于或等于100倍者，则可考虑允许使用于食品。

根据致癌试验所得的肿瘤发生率、潜伏期和多发性等进行致癌试验结果判定的原则是（凡符合下列情况之一，可认为致癌试验结果阳性；若存在剂量反应关系，则判断阳性更可靠）：①肿瘤只发生在试验组动物，对照组中无肿瘤发生；②试验组与对照组动物均发生肿瘤，但试验组发生率高；③试验组动物中多发性肿瘤明显，对照组中无多发性肿瘤，或只是少数动物有多发性肿瘤；④试验组与对照组动物肿瘤发生率虽无明显差异，但试验组中发生时间较早。

新鲜果汁极容易变质，因为果汁中的酶、有机酸、糖类等物质容易与环境中的空气和微生物接触，从而影响果汁的理化性质及感官评价。可以根据《食品安全国家标准　饮料》（GB 7101—2015）对饮料的感官要求、理化指标、污染物限量、真菌毒素限量、农药残留限量、微生物限量、食品添加剂和食品营养强化剂等分析综合确定饮料的安全性。

3.1.3　盐地碱蓬

　　盐地碱蓬是一种肉质盐生植物，属藜科碱蓬属一年生草本植物，绿色，晚秋变紫红色。适生于潮间带和滨海盐碱地带及内陆重盐斑土地上。碱蓬具有消除裸露盐碱荒滩、防止水土流失、保持和重建盐地生态等作用。现今，随着对野生植物资源开发研究的不断深入，人们发现，它是一种优质蔬菜、经济作物和具有医疗保健价值的植物资源。有研究表明，盐地碱蓬幼苗的分离提取物对机体具有增强非特异性免疫功能的作用，这将为新型营养保健品和抗肿瘤药物的研制提供有益的信息。此外，还有研究证明，碱蓬提取物的甲酯化产物对急性炎症有明显的抑制作用。滨州、东营两市的黄河三角洲海岸盐渍区，分布天然可开发盐地碱蓬 $7 \times 10^4 hm^2$，约年产鲜生物量 $1 \times 10^9 kg$，开发潜力十分可观。红色素在食品工业中，属于价值较高的色素添加剂。盐地碱蓬在红叶期，可加工制作碱蓬红色素（又称碱蓬红）。为此，从开发利用黄河三角洲野生植物资源角度出发，结合开发兼具多种生理功能的"功能性色素"新产品的趋势，笔者对市场需求、地域特色等方面进行了综合分析，发现碱蓬红色素，可望成为新的天然"功能性色素"的一员，具有很大的应用前景。

3.2 实验目的

（1）掌握复合饮料配制的基本方法及技能。

（2）掌握饮料的生产、工艺及检测饮料成品质量的方法。

（3）熟悉新型复合饮料产品研发的方法。

3.3 实验要求

（1）利用图书馆电子数据库资源查阅给定的文献，并利用关键词查阅相关的文献资料。

（2）以小组为单位研究制定实验方案，采用单因素实验、正交设计实验等确定复合饮料的最佳配方。

（3）根据《食品安全国家标准　食品安全性毒理学评价程序》（GB 15193.1—2014）和《食品安全国家标准　饮料》（GB 7101—2015）对所研制饮料进行安全性评价。

（4）对研究结果进行分析，查阅相关文献资料撰写研究论文。

3.4 实验提示

3.4.1 关键词

饮料、配制、研制、质量评价、盐地碱蓬。

3.4.2　主要仪器设备

电感耦合等离子质谱仪、原子吸收分光光度计、微波消解系统、可调式电热炉、可调式电热板、正压滤菌器、压力消解罐、马弗炉、超声波清洗器、电子天平、恒温水浴锅、高压蒸汽灭菌锅、恒温干燥箱、生化培养箱等。

3.4.3　主要实验方法

3.4.3.1　工艺流程

盐地碱蓬干样→浸提→过滤⎫
　　　　　　　　　　　　⎬ → 调配 → 护色 → 过滤 →
花茶挑选→浸提→过滤⎭

装罐→杀菌→成品

3.4.3.2　操作要点

（1）盐地碱蓬浸提液制备：由新鲜碱蓬经反复清洗、阴干、粉碎过 20 目筛制得。用纯净水浸提，采用料液比 1∶30，温度 40℃，时间 80min，浸提 2 次。合并两次的浸提液，过滤，得原汁备用。

（2）花茶混合液的制备：挑选无杂叶及其他异物的干制玫瑰花、牡丹花和洛神花。将干制玫瑰花与纯净水按照 1∶60 的比例混合后，在 90℃的热水下浸泡 20min；将干制牡丹花与纯净水按照 1∶70 的比例混合后，在 80℃的热水下浸泡 45min；将干制洛神花与纯净水按照 1∶1000 的比例混合后，在 90℃ 的热水下浸泡 20min。将浸泡后的花茶分别过滤得到玫瑰花浸提液、牡丹花浸提液和洛神花浸提液。将玫瑰花浸提液、牡丹花浸提液、洛神花浸提液和纯净水按照 3∶4∶4∶9 的比例混合均匀得到未加辅料的混合花茶饮料。

（3）调配：将盐地碱蓬浸提液、花茶混合液、木糖醇、柠檬酸进行调配，搅拌混合均匀。

（4）护色：选择维生素 C 进行护色，按确定的适宜添加量添加。

（5）杀菌：由于盐地碱蓬红色素在高温下会发生褪色，因此灌装后进行巴氏杀菌，75℃，10min 为宜。

3.4.3.3 饮料配方单因素实验

（1）盐地碱蓬添加量的确定

固定柠檬酸添加量为 0.03g/100mL，木糖醇添加量为 9g/100mL，选择盐地碱蓬原汁与混合花茶饮料体积比分别为 1∶0、1∶0.5、1∶1、1∶1.5、1∶2。在此工艺条件下制成复合饮料，由感官评定小组成员对产品作出相应的评分，对复合花茶饮料的甜度、酸度、香味、口感、色泽及溶液均一度这五个方面进行感官评定，所有评价人员的评分总和的平均值即为评定的最终得分，初步确定盐地碱蓬添加量。感官评分标准见表 3-1。

表 3-1　感官评分标准

项目	评价标准	评分
甜度	甜度适中	$14\sim20$
	甜度较重或甜度较淡	$7\sim13$
	甜度过重或没有甜度	$0\sim6$
酸度	酸度适中	$14\sim20$
	酸度较重或酸度较小	$7\sim13$
	酸度过重或没有酸度	$0\sim6$
香味	香味协调	$14\sim20$
	香味淡	$7\sim13$
	无香味或带有少许刺激性气味	$0\sim6$
口感	酸甜可口,没有苦涩味	$14\sim20$
	口感一般,带有少许苦涩味	$7\sim13$
	口感差,苦涩味重	$0\sim6$
色泽及溶液均一度	色泽纯正,溶液均一	$14\sim20$
	色泽较好,局部有少许不溶物	$7\sim13$
	色泽较差,不溶物较多	$0\sim6$

（2）木糖醇添加量的确定

固定柠檬酸添加量为 0.03g/100mL，盐地碱蓬原汁与混合花茶饮料体积比为 1:1，木糖醇的添加量分别设置 6g/100mL、7g/100mL、8g/100mL、9g/100mL、10g/100mL。在此工艺条件下制成复合饮料，由感官评定小组成员对产品作出相应的评分，确定木糖醇的最佳添加量。

（3）柠檬酸添加量的确定

固定木糖醇添加量为 9g/100mL，盐地碱蓬原汁与混合花茶饮料体积比为 1:1，柠檬酸的添加量分别设置 0.01g/

100mL、 0.03g/100mL、 0.05g/100mL、 0.07g/100mL、 0.09g/100mL。在此工艺条件下制成复合饮料，由感官评定小组成员对产品作出相应的评分，确定柠檬酸的最佳添加量。

3.4.3.4 饮料配方正交实验

为了研究盐地碱蓬添加量、木糖醇添加量、柠檬酸添加量对复合饮料的影响，进一步优化工艺条件，设计三因素三水平的正交实验，因素水平设计见表 3-2。

表 3-2　饮料正交实验因素水平

水平	木糖醇/(g/100mL)	盐地碱蓬原汁：混合花茶饮料	柠檬酸/(g/100mL)
1	7	1：0.5	0.03
2	8	1：1	0.05
3	9	1：1.5	0.07

3.4.3.5 安全性评价

（1）急性经口毒性实验

选取 20 只 (20±2.5) g 的健康小鼠，雌雄各半，雌雄分开，随机分为 2 个剂量组，每组 5 只。低剂量组和高剂量组灌胃剂量分别为 5.0g/kg、20.0g/kg，观察 14d。

（2）微核率

选取体重 (20±2.5) g 小鼠，设阴性对照组、低剂量组 (5.0g/kg)、高剂量组 (20.0mg/kg)、阳性对照组，每组 10 只，雌雄各半，持续灌胃 7d，每 12h 灌胃 1 次。阴性对照组采用蒸馏水灌胃，阳性对照组于灌胃第 6 天，腹腔注射 2 次环磷酰胺（40mg/kg），间隔 24h。各组均于最后一次注射 6h 后处死，取小鼠胸骨骨髓，制片染色，每只小鼠计数 1000 个细胞，计算微核率。

（3）精子畸形率

采用体重（20±2.5）g 的性成熟雄性小鼠，实验组设 5.0g/kg、20.0g/kg 两个剂量组，阴性对照组给予蒸馏水连续灌胃 5d，阳性对照组腹腔注射环磷酰胺 40mg/kg，连续 5d，各组均于第一次给药 35d 后处死，取小鼠两侧附睾，制片染色，每只小鼠计数 1000 个精子，计算畸形率。

3.4.3.6　质量评价

（1）理化指标测定方法

每个样品取三个平行样，测定其理化指标，记录实验结果。其中总砷（以 As 计）采用 GB 5009.11—2014 方法，Pb 采用 GB 5009.12—2017 方法，Cu 采用 GB 5009.13—2017 方法，Zn 采用 GB 5009.14—2017 方法，Fe 采用 GB 5009.90—2016 方法，可溶性固形物的测定采用折射仪法，pH 值采用 pH 计测定，蛋白质的测定采用考马斯亮蓝法，总酸度的测定采用直接滴定法，维生素 C 的测定采用 2,6-二氯靛酚法，灰分的测定采用灼烧重量法，黏度采用流变仪测定。

（2）微生物指标测定方法

每个样品取三个平行样，测定其微生物指标，记录实验结果。饮料在4℃冰箱内冷藏24h后，测定菌落总数以及大肠菌群、霉菌、酵母、沙门氏菌、金黄色葡萄球菌菌落数。其中，细菌总数采用 GB 4789.2—2016 方法，大肠菌群菌落数采用 GB 4789.3—2016 方法，霉菌、酵母菌落数采用GB 4789.15—2016 方法，沙门氏菌菌落数采用 GB 4789.4—2016 方法，金黄色葡萄球菌菌落数采用 GB 4789.10—2016 方法。

（3）感官评价方法

根据盐地碱蓬复合饮料产品特性制定感官评分标准，见表3-1，成立20人小组对饮料进行口感、香气、色泽等的感官评分，记录结果。

3.4.4　推荐文献

（1）夏冬燕，唐华丽，陈梦娟，等.枸杞、红枣、沙棘三果复合饮料的研制 [J].食品与发酵工业，2014，40（05）：255-258.

（2）覃宇悦，孙莎，程春生，等.玫瑰花石榴汁复合饮料加工工艺 [J].食品与发酵工业，2012，38（03）：173-175.

（3）孙月娥，王卫东，李曼曼，等.发芽糙米黑豆复合饮料的生产工艺 [J].食品科学，2010，31（18）：476-479.

（4）吴涛，姚志刚，许杰，等.超声波辅助提取盐地碱蓬红色素的工艺条件优化 [J].食品与发酵工业，2010，36

（12）：200-202.

（5）吴涛，姚志刚，许杰，等.盐地碱蓬红色素的提取工艺及稳定性研究 [J].食品科学，2009，30（10）：97-100.

（6）中华人民共和国国家卫生和计划生育委员会.食品安全国家标准　食品安全性毒理学评价程序：GB 15193.1—2014 [S].2014.

（7）中华人民共和国国家卫生和计划生育委员会.食品安全国家标准　饮料：GB 7101—2015 [S].2015.

◆ 参考文献 ◆

[1] 陈玮琳.枸杞果汁饮料加工及质量控制 [D].宁夏大学，2013.

[2] 张海波.瓜蒌皮多糖及其饮料品质、活性与安全性评价 [D].合肥工业大学，2013.

[3] 关菲.蒲公英复合饮料的研发 [D].山西农业大学，2017.

[4] 李赛男.黑木耳黑米和黑豆复合饮料的研制 [D].东北农业大学，2015.

[5] 中华人民共和国国家卫生和计划生育委员会.食品安全国家标准　食品安全性毒理学评价程序：GB 15193.1—2014 [S].2014.

[6] 吴涛，姚志刚，许杰，等.盐地碱蓬红色素的提取工艺及稳定性研究 [J].食品科学，2009，30（10）：97-100.

第 4 章 腌制品中有害物质含量变化监测及其安全控制

——以"海蓬子泡菜发酵过程中亚硝酸盐含量变化监测及其安全控制"为例

4.1　背景知识

4.1.1　泡菜

　　泡菜是以蔬菜作为原料，利用微生物发酵，加以少量盐和其他香辛料，在厌氧环境下发酵而成的制品。泡菜中的大量有机酸与芳香类风味物质使泡菜具有独特的风味和丰富的营养成分，深受大众青睐。

　　蔬菜中主要的营养成分在发酵过程中能够部分保留下来，在腌制过程中加入的调味料所含的营养成分也具有较高的营养价值。泡菜在发酵过程中，微生物能代谢产生大量有机酸并且合成大量功能性蛋白酶，这些功能性蛋白酶能将大分子蛋白质转化成人体容易吸收的氨基酸等小分子物质，从而提高了食物资源的利用效率，也能促进叶酸、核黄素、维生素 B_{12}、乙酰胆碱、右旋糖酐等物质合成。此外，泡菜在发酵的过程中产生大量有活性的乳酸菌群，如明串珠菌、短乳杆菌、啤酒片球菌、植物乳杆菌、干酪乳杆菌、赖氏乳杆菌、薛氏丙酸杆菌、麦芽香乳杆菌、戊糖醋酸乳杆菌、双歧杆菌等，这些微生物代谢生成的物质使泡菜具有不同的营养功能。像乳酸菌群在发酵过程中能产生蛋白酶和有机酸，这些物质可以促进肠道蠕动、促进消化、降低胆固醇，这些过程中能产生乳酸链球菌素、乳酸菌素等，这些细菌素有良好的抗菌性。此外，泡菜还对高血压、高血脂、糖尿病、便秘、动脉硬化等疾病具有良好的防治效果。

4.1.2 亚硝酸盐对人体健康的影响

亚硝酸盐为一类无机化合物的总称，食品中常见亚硝酸盐是亚硝酸钠。亚硝酸钠呈白色或浅黄色，为粒状、棒状或粉末，有吸湿性，溶于水，微溶于乙醇。亚硝酸钠是一种工业盐，外观与氯化钠相似，具有较强毒性，食用 0.2g 至 0.5g 就可能出现中毒症状，一次性误食 3g，就可能造成死亡，是食品添加剂中急性毒性最强的物质之一，其危害主要有以下几个方面。

（1）导致高铁血红蛋白血症

亚硝酸盐在人体中，可以将血红蛋白中的二价铁离子氧化成三价铁离子，将亚铁血红蛋白转变为高铁血红蛋白，使其运氧功能丧失，皮肤黏膜表现为青紫。血液中超过 20% 的亚铁血红蛋白转变成高铁血红蛋白，会导致缺氧症状，严重者死亡。

（2）抵抗甲状腺素

亚硝酸盐能改变生物体甲状腺滤泡的形态、血清中促甲状腺激素和甲状腺激素水平、脱碘酶的活性、甲状腺内分泌系统相关基因的表达，扰乱甲状腺激素代谢的平衡。

（3）引起智障

亚硝酸盐可以引起人体细胞中的氧供应降低，长期摄入能造成智力反应迟钝。研究表明，儿童长期饮用高亚硝酸盐含量的水，会致使听力和视觉的条件反射迟钝。

（4）致癌和致畸作用

亚硝酸盐在人体肠胃中与蛋白质中氨基酸等胺类物质以及胃酸、胃液中其他化学物质可以生成亚硝胺，亚硝胺为一种强致癌物。在人体内亚硝胺首先 α 位碳羟基化，以活性代谢产物作烷化剂，脱甲基后使大分子中的鸟嘌呤等 O 处烷基化，鸟嘌呤再与烷基的配位键结合，使 DNA 或 RNA 复制错误，导致癌症。研究表明，胃癌、食道癌、肝癌等与人体中亚硝胺有关。动物实验结果表明，亚硝胺几乎对如鼠、兔等动物所有重要器官及神经系统都可引发癌症。

4.1.3　泡菜中亚硝酸盐的形成

泡菜中亚硝酸盐的形成原因有两种。一种认为泡菜在发酵过程中由于污染了具有硝酸盐还原能力的微生物引起亚硝酸盐形成，使亚硝酸盐蓄积。植物累积硝酸盐是其生长过程中正常的自然现象，硝酸盐在植物体内被同化为氨、氨基酸等作为合成蛋白质的氮源，当植物吸收硝酸盐量超过其还原同化能力后会造成硝酸盐在体内的积累。硝酸盐对人体没有直接危害，在 1943 年 Wilson 研究结果表明，植物中硝酸盐可以被微生物还原成亚硝酸盐。自然界中能还原硝酸盐的微生物主要有大肠杆菌、白喉杆菌、黏质塞氏杆菌等，此类微生物具有硝酸还原酶，使硝酸盐还原成亚硝酸盐后累积起来。蔬菜自身携带或腌制器具消毒不彻底等都会使有害菌进入加工产品，产生亚硝酸盐积累现象。另一种认为泡菜中亚硝酸盐的形成是由于植物原料中的硝酸盐还原酶的作用，增加了泡菜中亚硝酸盐的含量。

4.1.4 影响泡菜发酵过程中亚硝酸盐变化的因素

泡菜在发酵过程中，具有硝酸还原酶的细菌是其产生大量亚硝酸盐的一个决定性因素。影响具有硝酸还原酶的细菌生长的因子是影响泡菜发酵过程中亚硝酸盐变化的主要因素。研究显示，食盐浓度、起始值、发酵温度和发酵时间等发酵条件均能对发酵蔬菜中的亚硝酸盐含量产生明显影响。多数乳酸菌因为不具备细胞色素氧化酶系统和氨基酸脱羧酶不会使硝酸盐还原成为亚硝酸盐。乳酸菌在发酵过程中能够产酸、生香、脱臭和改善营养价值，且赋予产品一种特有的风味，具有特殊的抗癌、抗冠心病及调理肠胃等食疗作用。一些具有较强产酸和降解亚硝酸盐能力的菌株单独或混合接种于泡菜的发酵过程中可有效降低泡菜发酵过程中的亚硝酸盐含量。

在泡菜发酵过程中加入多酚、维生素、植酸等可有效降低泡菜中的亚硝酸盐含量。维生素 C 能通过阻止硝酸盐的还原或者促进亚硝酸盐脱氮过程等途径消减亚硝酸盐。茶多酚可以通过与泡菜中硝酸盐、亚硝酸盐直接作用或者抑制与亚硝酸盐形成有关微生物活性等途径降低泡菜中亚硝酸盐含量。泡菜发酵过程中加入大蒜、生姜、大葱等调味原料或一些水果等也可以降低亚硝酸盐含量。

4.1.5　海蓬子

海蓬子为藜科（Chenopodiaceae）盐角草属（*Salicornia* L）的真盐生植物，又称为海芦笋、海虫草等。海蓬子主要生长在海滩、盐碱滩涂地区，是有梗无叶的绿色植物，生长周期约 220d，其中有 50～60d 可以保持青嫩鲜绿枝茎。海蓬子中富含维生素 C，其蛋白质含量丰富，氨基酸比一般的海水蔬菜高 2 倍，是有益人体的绿色保健食品。种子成熟后可榨油，油脂富含亚油酸，含量甚至超过大豆的 2 倍，是食用与药用化工的高级原料。另外，维生素、微量元素含量也很丰富，长期食用还可以减肥。因为海蓬子有降血脂的功效，所以被人们誉为减肥草，还得到了原国家环保总局有机食品发展中心（OFDC）有机食品认证。

除了上述经济价值之外，海蓬子更重要的功能是它能把海滩涂地和荒废地改造成宝地，并控制土地沙漠化，变害为利，能够解决沿海地区的环保生态问题并改善当地的农业结构。我国拥有广阔的海滨荒地，除有部分围池晒盐和养殖水产外，利用大片海滩盐碱地来发展海水灌溉农业有着良好的经济价值，同时又可取得改善沿海生态环境的社会效益。黄河三角洲分布有大量的海蓬子植物资源，规模化种植既能作为海岸线绿色植被，又能收获种子加工优质食用油料，其茎秆还田还能改良盐碱土结构。开发海蓬子植物资源具有重大的生态、社会和经济效益。

4.2 实验目的

（1）掌握海蓬子泡菜制作的方法、步骤以及亚硝酸盐含量的测定方法。

（2）掌握腌制食品中亚硝酸盐含量控制方法。

（3）了解影响腌制品中亚硝酸盐含量变化的因素。

4.3 实验要求

（1）阅读分析推荐文献，根据推荐关键词查阅相关的文献资料，熟悉相关实验设计和方法。

（2）以小组为单位研究制定实验方案，分别设计不同发酵方式、接种菌剂、发酵条件、辅料对海蓬子泡菜亚硝酸盐含量的影响及优化实验，确定海蓬子泡菜发酵过程中亚硝酸盐含量的控制技术参数。

（3）根据《食品安全国家标准 食品中污染物限量》（GB 2762—2017）和《食品安全国家标准 酱腌菜》（GB 2714—2015）对泡菜进行质量评价。

（4）对研究结果进行分析，查阅相关文献资料，撰写研究论文。

4.4　实验提示

4.4.1　关键词

泡菜、亚硝酸盐、乳酸菌、理化指标、感官评定、海蓬子。

4.4.2　主要仪器设备

紫外可见分光光度计、组织捣碎匀浆机、数显恒温水浴锅、磁力加热搅拌器、酸度计、低温冷冻离心机、生化培养箱、超净工作台、电子天平、电热鼓风干燥箱、高压灭菌锅、非色散原子荧光光度计、原子吸收分光光度计、箱式电阻炉等。

4.4.3　主要实验方法

4.4.3.1　海蓬子泡菜制作工艺流程

```
菌种活化→扩大培养→种子 ┐
                         ↓
新鲜海蓬子→清洗 →预处理→装坛、水封→发酵→成熟→装袋(真空封口) →(杀菌)→成品
                         ↑
盐水、辅料 ────────────────┘
```

4.4.3.2　不同发酵方式对海蓬子泡菜亚硝酸盐含量的影响试验

取新鲜海蓬子嫩茎，清洗，沥干水分，切成 3 cm 左右

长段，置于冰箱备用。泡菜发酵条件为：菜坛 2L，海蓬子 500g，加盐量 1％，加糖量 1％，发酵温度 30℃。在相同的发酵条件下，分别采用自然发酵、陈卤发酵（加 3％陈卤）和接种发酵（接 3％植物乳杆菌）的发酵方式，以泡菜中亚硝酸盐为指标，每隔 24h 测定一次，测定时间为 10d，研究不同的发酵方式对海蓬子泡菜中亚硝酸盐含量的影响。每个处理，重复 3 次。

4.4.3.3　接种菌剂对海蓬子泡菜亚硝酸盐含量的影响试验

（1）单菌及混合菌发酵对海蓬子泡菜亚硝酸盐含量的影响试验

泡菜发酵条件为：菜坛 2L，海蓬子 500g，加盐量 1％，加糖量 1％，发酵温度 30℃。按照 3％接种量，在相同的发酵条件下，以植物乳杆菌（*Lactobacills plantarum*，Lp）、肠膜明串珠菌（*Leuconostoc mesenteroides*，Lm）和短乳杆菌（*Lac.brevis*，Lb）为接种菌种，分别接入：Lp、Lm、Lb、Lp∶Lm＝1∶1、Lp∶Lb＝1∶1、Lm∶Lb＝1∶1、Lp∶Lm∶Lb＝1∶1∶1 七种不同组合菌种。以泡菜中亚硝酸盐为指标，每隔 24h 测定一次，测定时间为 7d，研究接种单菌及混合菌对海蓬子泡菜中亚硝酸盐含量的影响。

（2）混合菌配比对海蓬子泡菜亚硝酸盐含量的影响试验

泡菜发酵条件为：菜坛 2L，海蓬子 500g，加盐量 1％，加糖量 1％，发酵温度 30℃。由 4.4.3.3（1）试验中确定最佳菌种组合，在相同的发酵条件下，以 1％接种量分别按 4∶1、3∶1、2∶1、1∶1、1∶2、1∶3、1∶4 的比例接种，以泡菜中亚硝酸盐为指标，每隔 24h 测定一次，测定时间为 7d，研究不同菌种配比对泡菜亚硝酸盐含量的影响。

（3）接种量对海蓬子泡菜亚硝酸盐含量的影响试验

　　泡菜发酵条件为：菜坛 2L，海蓬子 500g，菌种配比为 Lm∶Lb＝1∶3，加盐量 1％，加糖量 1％，发酵温度 30℃。在相同的发酵条件下，接种量分别为：0.2％、0.4％、0.6％、0.8％、1.0％、1.2％，以泡菜中亚硝酸盐含量为指标，每 24h 测定一次，测定时间为 7d，研究接种量对泡菜亚硝酸盐含量的影响。

4.4.3.4　发酵条件对海蓬子泡菜亚硝酸盐含量的影响及优化试验

（1）加盐量对海蓬子泡菜亚硝酸盐含量的影响试验

　　泡菜发酵条件为：菜坛 2L，海蓬子 500g，菌种配比为 Lm∶Lb＝1∶3，接种量 1％，加糖量 1％，发酵温度 30℃。在相同的发酵条件下，加盐量分别为：0、0.5％、1％、1.5％、2％。以泡菜中亚硝酸盐含量为指标，每 24h 测定一次，测定时间为 7d，研究不同加盐量对泡菜亚硝酸盐含量的影响。

（2）温度对海蓬子泡菜亚硝酸盐含量的影响试验

　　泡菜发酵条件为：菜坛 2L，海蓬子 500g，菌种配比为

Lm：Lb＝1：3，接种量1％，加盐量1％，加糖量1％。在相同的发酵条件下，发酵温度分别为：20℃、25℃、30℃、35℃、40℃。以泡菜中亚硝酸盐含量为指标，每24h测定一次，测定时间7d，研究不同温度对泡菜亚硝酸盐含量的影响。

（3）加糖量对海蓬子泡菜亚硝酸盐含量的影响试验

泡菜发酵条件为：菜坛2L，海蓬子500g，菌种配比为Lm：Lb＝1：3，接种量1％，加盐量1％，发酵温度30℃。在相同的发酵条件下，加糖量分别为：0.5％、1％、1.5％、2％、2.5％。以泡菜中亚硝酸盐含量为指标，每24h测定一次，测定时间7d，研究不同加糖量对泡菜亚硝酸盐含量的影响。

（4）发酵时间对海蓬子泡菜亚硝酸盐含量的影响试验

泡菜发酵条件为：菜坛2L，海蓬子500g，菌种配比为Lm：Lb＝1：3，接种量1％，加盐量1％，加糖量1％，发酵温度30℃。在相同发酵条件下，检测发酵24h、48h、72h、96h、120h、144h时泡菜中亚硝酸盐含量。研究不同发酵时间对泡菜亚硝酸盐含量的动态变化。

（5）海蓬子泡菜发酵条件的优化实验

根据单因素实验结果，以发酵温度、加糖量、发酵时间为实验因素作响应面实验，以亚硝酸盐含量作为考察指标，实验因素水平编码见表4-1。采用软件对中心组合实验设计的实验数据进行回归分析，得出最优发酵条件。

表 4-1 因素水平编码

代码	因素	水平		
		−1	0	1
X1	发酵温度/℃	25	30	35
X2	加糖量/%	1	1.5	2
X3	发酵时间/h	48	72	96

4.4.3.5 发酵条件对海蓬子泡菜亚硝酸盐含量的影响及优化实验

(1) 大蒜、生姜、白酒对海蓬子泡菜亚硝酸盐含量的影响实验

接种发酵在优化发酵条件的基础上，添加大蒜量分别为 0、0.5%、1.5%、2.5%、3.5%、4.5%，生姜量分别为 0、0.5%、1.5%、2.5%、3.5%、4.5%，白酒的添加量分别为 0、0.01mL/g、0.02mL/g、0.03mL/g、0.04mL/g、0.05mL/g，以亚硝酸盐含量为指标，进行单因素实验。

(2) 辅料添加量的正交实验

在单因素实验的基础上，以加蒜量、加姜量、加酒量为因素做 $L_9(3)^4$ 正交实验，以优化泡菜菜中亚硝酸盐含量。因素水平见表 4-2。

表 4-2 $L_9(3)^4$ 正交实验因素水平表

水平	加蒜量/%	加姜量/%	加酒量/(mL/g)	空白
1	0.5	0.5	0.03	—
2	1.5	1.5	0.04	—
3	2.5	2	0.05	—

4.4.3.6 海蓬子泡菜质量评价方法

根据《食品安全国家标准 食品中污染物限量》（GB 2762—2017）和《食品安全国家标准 酱腌菜》 （GB 2714—2015）对海蓬子泡菜进行质量评价。测定食盐含量、总酸、亚硝酸盐、砷、铅、大肠菌群、致病菌等指标，并进行感官评定。

（1）理化指标测定

每个样品取三个平行样，测定其理化指标，记录实验结果。其中食盐的测定采用 GB/T 5009.51—2003 方法，总酸的测定采用 GB/T 12456—2008 方法，亚硝酸盐的测定采用 GB 5009.33—2016 方法，总砷（以 As 计）采用 GB 5009.11—2014 方法，Pb 采用 GB 5009.12—2017 方法。

（2）微生物指标测定

每个样品取三个平行样，测定其微生物指标，记录实验结果。测定菌落总数以及大肠菌群、霉菌、酵母、沙门氏菌、金黄色葡萄球菌菌落数。其中，细菌总数采用 GB 4789.2—2016 方法，大肠菌群菌落数采用 GB 4789.3—2016 方法，霉菌、酵母菌落数采用 GB 4789.15—2016 方法，沙门氏菌菌落数采用 GB 4789.4—2016 方法，金黄色葡萄球菌菌落数采用 GB 4789.10—2016 方法。

（3）感官评价

由 20 人组成的评价小组对成熟的发酵产品进行观察和

品尝，对产品的色泽、香气、滋味和质地进行客观评价。海蓬子泡菜风味评分标准见表 4-3。

表 4-3　海蓬子泡菜风味评分标准

项目	评分标准	评分
香气	酸香浓郁、醇厚、柔和,有酯香及菜体清香	35～50
	酸香味略淡,酯香、清香略差	18～34
	酸香味淡且不正,无酯香及清香	1～17
滋味	酸味浓且正,有鲜味、蒜姜香味,无异味,口感脆嫩	35～50
	酸味略淡,蒜姜香味较淡或较浓,无异味	18～34
	酸味差,有强烈蒜姜辣味,有刺激味,不正口感	1～17

4.4.4　推荐文献

（1）郭志华，张兴桃，段腾飞，等.泡菜中降解亚硝酸盐乳酸菌的筛选及生物学特性研究［J］.食品与发酵工业，2019，45（17）：66-72.

（2）马艳弘，魏建明，侯红萍，等.发酵方式对山药泡菜理化特性及微生物变化的影响［J］.食品科学，2016，37（17）：179-184.

（3）于新颖，刘文丽，殷杰，等.不同食盐浓度下白菜泡菜的乳酸菌数及理化指标变化［J］.食品与发酵工业，2015，41（10）：119-124.

（4）陈影，王锦慧，张文菱子，等.乳酸菌发酵黄瓜泡菜品质的研究［J］.食品与机械，2015，31（04）：208-211.

（5）邹辉，刘晓英，陈义伦，等.泡菜（白菜）腌制过程中有机酸对亚硝酸盐含量的影响［J］.食品与发酵工业，

2013，39（11）：29-32.

（6）易金鑫，马鸿翔，张春银，等.新型绿色海水蔬菜海蓬子的研究现状与展望［J］.江苏农业科学，2010（06）：15-18.

（7）陈美珍，陈伟洲，宋彩霞.海蓬子营养成分分析与急性毒性评价［J］.营养学报，2010，32（03）：286-289.

（8）中华人民共和国国家卫生和计划生育委员会.食品安全国家标准　食品中污染物限量：GB 2762—2017［S］.2017.

（9）中华人民共和国国家卫生和计划生育委员会.食品安全国家标准　酱腌菜：GB2714—2015［S］.2015.

◆ **参考文献** ◆

［1］商景天.泡菜中降解亚硝酸盐菌种筛选及其降解机理研究［D］.贵州大学，2019.

［2］王伟.萝卜泡菜泡制过程中亚硝酸盐降解及保藏技术研究［D］.南京农业大学，2012.

［3］李海丽.泡菜的亚硝酸盐控制技术及贮藏性研究［D］.河北农业大学，2012.

［4］许苗苗.净菜、泡菜贮藏过程中亚硝酸盐的变化及控制［D］.山东农业大学，2010.

第 5 章 植物源食品中功能成分提取工艺比较及其质量评价

—— 以"黄河三角洲地产菊花中总黄酮的提取工艺比较及其质量评价"为例

5.1 背景知识

5.1.1 菊花

菊花（*Chrysanthemum morifolium* Ramat.）又名鞠，是中国十大传统名花之一，栽培范围广，品种多样。我国种植菊花具有悠久历史，目前菊花成为世界上用途很广泛的名花，为世界"四大切花"之一。

菊花在临床具有治疗痛风、眩晕、高血压、传染病之功效；菊花茶能清肝明目，消炎解毒，受到消费者广泛青睐；菊花脑营养价值高，具有明目、解暑、降血压等药效。菊花的功能与其成分密不可分。研究表明，菊花中主要功能物质为总黄酮、绿原酸、精油、多糖和萜类等。不同产地的菊花在功能成分含量以及组成上有很大差别。在黄河三角洲地区，菊花已有六百多年的栽培历史。目前黄河三角洲地区菊花规范化种植面积达 2 万多亩（1 亩≈667m²），形成了长江以北最大的菊花种植基地。黄河三角洲地区菊花制成的花茶具有"汤色黄、香气高、滋味浓、耐冲泡、营养高"等特点，是菊花茶中极品。目前，黄河三角洲菊花主要是加工成菊花茶或直接入药，应用范围窄，附加值低，而其叶、茎等副产物未被利用，亟待进行综合开发利用。

5.1.2 黄酮类化合物

黄酮类化合物主要指两个具有酚羟基的芳香环通过中央

三碳链连接而成的一类化合物。天然黄酮类化合物主要分为以下几类：①黄酮醇类，如芹菜素、木犀草素、柰酚和槲皮素；②双黄酮类，如银杏素、异银杏素和白果素；③二氢黄酮和二氢黄酮醇类，如新橙皮苷、水飞蓟素；④查耳酮类，如红花苷、次苦参素；⑤异黄酮类，如葛根素、鱼藤酮；⑥黄烷醇类，如儿茶素和双聚原矢车菊苷，以及其他黄酮类。

　　植物体中天然形成的黄酮类化合物，种类多，结构复杂，一般具有多种生物活性。现代药理学实验研究表明，芸香苷、槲皮素、金丝桃苷、银杏叶总黄酮和葛根总黄酮具有抗脑缺血作用，木犀草素、金丝桃苷、水飞蓟素、沙棘总黄酮具有抗心肌缺血作用，甘草黄酮具有抗心律失常作用，芸香苷、金丝桃苷和槲皮素等具有良好的镇痛作用，水飞蓟素具有保肝作用。有些黄酮类化合物具有抗病毒、抗肿瘤作用，从菊花黄酮、樟芽菜黄酮中分离得到的单体物质具有抗病毒作用。此外，还有研究结果表明，黄酮类化合物有降血压、降血脂、抑制血小板聚集等多种药理作用。

5.1.3　黄酮类化合物的提取方法

5.1.3.1　有机溶剂提取法

　　有机溶剂提取法通过相似相溶原理，采用有机溶剂溶解目标产物，再将有机溶剂与溶质分离，得到目标产物。常用的有机溶剂主要有甲醇、乙醇、丙酮等。乙醇-水体系是较理想的提取溶剂系统。有机溶剂提取法提取方式主要有浸提、索氏提取、回流提取等。有机溶剂法提取黄酮类化合物主要是通过加热、煮沸或回流方式进行，但该方法提取时间长，提取物生物活性容易被破坏，还会消耗大量的溶剂，导致资源浪费。

5.1.3.2　超声波辅助提取法

超声波辅助提取法通过利用超声波作用产生空化效应，提高传质速度，增强溶剂的穿透力，以提高提取效率。与其他先进的提取技术相比，超声波辅助提取法具有更经济、环保、简便等优点。目前超声波辅助提取法已广泛应用于植物黄酮类化合物的提取中。

5.1.3.3　微波辅助提取法

微波辅助提取法是利用微波辐照使细胞内的水汽化产生压力破坏细胞壁结构，促进目标产物的释放。天然植物中黄酮类物质一般存在于细胞壁或液泡内，植物细胞壁是由纤维素构成的，硬度高，黄酮类物质提取较困难，微波辅助提取法能快速破坏细胞壁结构，提高黄酮类物质的溶出率。微波辅助提取法具有溶剂消耗少、提取效率高、收率高、可提取热不稳定组分等优点，目前已被广泛应用。

5.1.3.4　超声波-微波联合提取法

超声波-微波联合提取法是综合利用超声波辅助提取法

和微波辅助提取法两者的优点，微波促使天然产物细胞分散开，超声波能将天然产物细胞壁打碎，二者联合可以使有效物质更好释放和溶解到提取液中。超声波-微波联合提取法具有方便快捷、高效、引入杂质少等优点，其应用前景广阔。

5.1.3.5　超临界 CO_2 萃取法

超临界 CO_2 萃取法是利用 CO_2 作为超临界流体，在一定的临界压力和临界温度下进行提取物质的一种方法。超临界 CO_2 萃取法具有工艺简单、效率高、能保持活性物质天然特性等优点，该方法具有较强的市场竞争力。

5.1.3.6　酶解法

酶解法是根据植物细胞壁的构成，利用高度专一性的酶将植物细胞壁的组分如纤维素、半纤维素、果胶等物质水解，破坏细胞壁的结构，促进细胞中的成分溶出，以提高提取效率。由于酶解法具有设备要求低、操作简便、成本低廉、能保护活性物质结构等优点，目前已经广泛应用到工业生产中。用于植物细胞破壁的酶主要有纤维素酶、半纤维素酶和果胶酶等。

5.2　实验目的

（1）掌握有机溶剂提取、超声波辅助提取和微波辅助提取菊花总黄酮的方法。

（2）掌握植物源样品中黄酮类物质的检测方法。

（3）熟悉结合地域特色开发植物资源功能物质的方法和思路。

5.3 实验要求

（1）阅读分析推荐文献，根据推荐关键词查阅相关的文献资料，熟悉相关实验设计和方法。

（2）以小组为单位研究制定实验方案，研究微波辅助提取法、超声波辅助提取法及乙醇浸出法对黄河三角洲地产菊花总黄酮提取效果的影响。通过单因素实验和正交实验方法对微波辅助提取法、超声波辅助提取法、乙醇浸出法的工艺进行优化。

（3）以芹菜素、木犀草素、槲皮素为指标，对不同提取方法得到的黄酮类成分进行质量评价。

（4）对研究结果进行分析，查阅相关文献资料，撰写研究论文。

5.4 实验提示

5.4.1 关键词

菊花、总黄酮、提取、质量、工艺。

5.4.2　主要仪器设备

高效液相色谱仪、可见紫外检测器、紫外可见分光光度计、电热恒温干燥箱、粉碎机、电子天平、实验专用微波炉、超声仪、水循环多用真空泵、旋转蒸发仪等。

5.4.3　主要实验方法

5.4.3.1　总黄酮含量测定

(1) 标准曲线的绘制

准确称取芦丁标准品 20mg，加 70%乙醇溶解，定容至 100mL 容量瓶中，摇匀，制成浓度为 0.200mg/mL 的标准品溶液。分别取标准品溶液 0.0mL、0.5mL、1.0mL、1.5mL、2.0mL、2.5mL、3.0mL 于 10mL 容量瓶中，加 5%亚硝酸钠 0.4mL，振荡摇匀，放置 6min 后，加 10%硝酸铝 0.4mL，振荡摇匀，放置 6min，再加 4%氢氧化钠 4mL，加体积分数 30%乙醇定容至刻度，摇匀，放置 15min 进行全波长扫描，在 510nm 处均有最大吸收。以吸光度为横坐标，浓度为纵坐标，绘制标准曲线。

(2) 样品溶液的测定

吸取 0.5mL 供试液，加入 5%亚硝酸钠溶液 0.4mL，振荡摇匀，放置 6min；再加入 10%硝酸铝 0.4mL，振荡摇匀，放置 6min；最后加入 4%氢氧化钠试液 4mL，加体积分数 30%乙醇定容至刻度，摇匀，放置 15min。在 510nm

处测定吸光度，由标准曲线计算得总黄酮含量。

5.4.3.2 乙醇浸提法

（1）主要工艺和方法

菊花样品→加入定量的乙醇→恒温震荡提取→过滤→总黄酮提取液。

采用单因素实验确定料液比、提取次数、提取时间、乙醇浓度等，在单因素实验结果基础上，设计四因素三水平$[L_9(3^4)]$的正交实验，并以总黄酮得率为考察指标确定最佳提取工艺参数。

（2）单因素实验

准确称取 1.0g 菊花样品 7 份，分别加入 30％、40％、50％、60％、70％、80％、90％的乙醇震荡提取，料液比 1：30，提取次数 2 次，提取时间为 2h，研究乙醇浓度对菊花总黄酮提取率的影响。

准确称取 1.0g 菊花样品 7 份，分别以料液比 1：10、1：20、1：30、1：40、1：50、1：60、1：70 进行实验，乙醇浓度 70％，提取次数 2 次，提取时间为 2h，研究料液比对菊花总黄酮提取率的影响。

准确称取 1.0g 菊花样品 7 份，以料液比 1：30，乙醇浓度 70％，提取时间分别是 0.5h、1h、1.5h、2h、2.5h、3h、3.5h，提取次数 2 次，研究提取时间对菊花总黄酮提取率的影响。

准确称取 1.0g 菊花样品 7 份，以料液比 1∶30、乙醇浓度 70％，提取时间为 2h，提取次数分别为 1 次、2 次、3 次、4 次、5 次、6 次、7 次，研究提取次数对菊花总黄酮提取率的影响。

（3）正交实验

根据单因素实验结果设计四因素三水平正交实验。因素水平见表 5-1。

表 5-1　正交实验因素水平

水平	乙醇体积分数/％	料液比/(g/mL)	提取时间/h	提取次数/次
1	60	1∶10	2	1
2	70	1∶20	2.5	2
3	80	1∶30	3	3

5.4.3.3　超声波辅助提取法

（1）主要工艺和方法

菊花样品→加入定量的乙醇→超声波辅助提取→过滤→总黄酮提取液。

准确称取 1.0g 菊花样品，按照 1∶10 比例加入 70％乙醇，超声波提取后，置于 70℃条件下恒温加热回流提取 2h，获得提取液，再用 30mL 70％乙醇溶液洗涤残渣，过滤，合并提取液，用 70％乙醇定容至 100mL，测定总黄酮含量。

采用单因素实验确定料液比、提取次数、超声时间、乙醇浓度等，在单因素实验结果基础上，设计四因素三水平

$[L_9(3^4)]$ 的正交实验，以总黄酮得率为测试指标确定最佳提取工艺。

（2）单因素实验

在超声波作用时间为 40min，料液比为 1：30，提取次数 1 次的条件下，分别取体积分数为 30％、40％、50％、60％、70％、80％、90％的乙醇进行实验，研究不同体积分数乙醇对菊花总黄酮提取率的影响。

在超声波作用时间为 40min，乙醇体积分数 70％，提取次数 1 次的条件下，选取料液比为 1：10、1：20、1：30、1：40、1：50、1：60、1：70 进行实验，研究料液比对菊花总黄酮提取率的影响。

在料液比为 1：30，乙醇体积分数为 70％，提取次数 1 次的条件下，选取超声波作用时间 10min、20min、30min、40min、50min、60min、70min 进行实验，研究超声波作用时间对菊花总黄酮提取率的影响。

在超声波作用时间 40min，料液比 1：30，乙醇体积分数 70％时，选取提取次数 1 次、2 次、3 次、4 次、5 次、6 次、7 次 7 个水平进行实验，研究提取次数对菊花总黄酮提取率的影响。

（3）正交实验

根据单因素实验结果设计四因素三水平正交实验。因素水平见表 5-2。

表 5-2 正交实验因素水平

水平	乙醇体积分数/%	料液比/(g/mL)	超声波作用时间/min	提取次数/次
1	60	1 : 20	20	1
2	70	1 : 30	30	2
3	80	1 : 40	40	3

5. 4. 3. 4 微波辅助提取法

(1) 主要工艺和方法

菊花样品→加入定量的乙醇→微波萃取→过滤→总黄酮提取液。

准确称取 1.0g 菊花样品，按照 1 : 10 比例加入 70% 乙醇，微波提取后，置于 70℃ 恒温条件下加热回流提取 2h，得到提取液，再用 30mL 80% 乙醇溶液，并定容至 100mL，测定总黄酮含量。

采用单因素实验确定微波作用时间、料液比、微波功率、乙醇浓度等，在单因素实验结果基础上，设计四因素三水平 $[L_9(3^4)]$ 的正交实验，并以总黄酮得率为测试指标确定最佳提取工艺。

(2) 单因素实验

在微波作用时间为 2.5min，料液比 1 : 30，微波功率 800 W 的条件下，分别取体积分数为 30%、40%、50%、60%、70%、80%、90% 的乙醇各 20mL，研究不同体积分数乙醇对菊花总黄酮提取率的影响。

在微波功率为 800W，微波作用时间 2.5min，乙醇体积分数 70% 的条件下，选取料液比为 1∶10、1∶20、1∶30、1∶40、1∶50、1∶60、1∶70 进行实验，研究料液比对菊花总黄酮提取率的影响。

在微波功率为 800W，料液比为 1∶30，乙醇体积分数为 70% 时，分别选取微波作用时间为 1.0min、1.5min、2.0min、2.5min、3.0min、3.5min、4 min，研究微波作用时间对菊花总黄酮提取率的影响。

在微波作用时间为 2.5min，料液比 1∶30，乙醇体积分数 70% 时，选取微波功率为 400W、500W、600W、700W、800W、900W、1000W 进行实验，研究微波功率对菊花总黄酮提取率的影响。

（3）正交实验

根据单因素实验结果设计四因素三水平正交实验。因素水平见表 5-3。

表 5-3　正交实验因素水平

水平	乙醇体积分数/%	料液比/(g/mL)	微波作用时间/(min)	微波功率/W
1	60	1∶10	2.0	700
2	70	1∶20	2.5	800
3	80	1∶30	3.0	900

5.4.3.5　质量评价

以槲皮素、木犀草素和芹菜素含量为考察指标，评价不同工艺提取菊花总黄酮质量。采用高效液相色谱法分析提取液中槲皮素、木犀草素和芹菜素含量。液相参考条件：色谱柱为岛津 VP-ODS 250L×4.6nm；流动相为甲醇：水 ＝ 60：40，用磷酸调 pH，流速为 1mL/min；紫外检测波长 253nm，灵敏度 0.0010 AUFS；柱温 25℃。

5.4.4　推荐文献

（1）周衡朴，任敏霞，管家齐，等.菊花化学成分、药理作用的研究进展及质量标志物预测分析 [J].中草药，2019，50（19）：4785-4795.

（2）戴胜，秦亚东，梁枫.UPLC 同时测定野菊花药材中 10 个黄酮和有机酸的含量 [J].药物分析杂志，2019，39（03）：451-457.

（3）皇甫阳鑫，高子怡，展俊岭，等.响应面法优化菊花黄酮超声-微波辅助提取工艺及其抗氧化活性 [J].分子科学学报，2018，34（03）：251-257.

（4）李金凤，刘华敏，谷令彪，等.怀菊花中总黄酮的提取及其抗氧化性研究 [J].食品工业科技，2018，39（11）：211-218.

（5）刘汉珍，史亚东，俞浩，等.不同品种菊花中 4 种黄酮类化合物的含量测定比较研究 [J].中药材，2016，39（09）：2046-2048.

（6）孟庆玉，符玲，高振，等.野菊花总黄酮提取方法比较及其抗氧化活性研究 [J].中草药，2015，46（21）：3194-3197.

（7）孙乙铭，徐建中，沈晓霞，等.不同品种菊花质量研究［J］.中国现代应用药学，2014，31（02）：224-227.

（8）牛晓静，鲁静，段晓颖，等.基于聚类分析的淫羊藿黄酮类成分的质量分析研究［J］.中华中医药杂志，2016，31（06）：2386-2389.

（9）杨慧海，张雪，孙倩怡，等.3种规范中总黄酮定量分析法的比较［J］.国际药学研究杂志，2017，44（06）：656-659.

（10）国家药典委员会.中华人民共和国药典（一部）［M］.2015年版.北京：中国医药科技出版社，2015：354-355.

◆ 参考文献 ◆

［1］汪涛.药用菊花黄酮类成分动态分析及质量评价［D］.南京农业大学，2007.

［2］许冰冰.茶用菊品种的筛选与评价［D］.南京农业大学，2014.

［3］王亚君.欧李果实总黄酮提取工艺优化及其抗氧化活性研究［D］.山西大学，2019.

［4］冯靖.银杏叶黄酮的提取纯化工艺研究［D］.北京石油化工学院，2019.

［5］谢靖雯.雪菊黄酮类化学成分及品质评价研究［D］.陕西师范大学，2018.

［6］买吾拉江·阿不都热衣木.睡莲花总黄酮制备工艺及其质量标准研究［D］.新疆大学，2017.

［7］罗岩.管花肉苁蓉有效成分总黄酮提取工艺的优化研究［D］.石河子大学，2015.

第6章 水产品重金属含量调查及其健康风险评价

——以"××市售食用鱼类重金属含量调查及其健康风险评价"为例

6.1 背景知识

6.1.1 重金属及其在动物源食品中的污染特点

重金属一般是指密度大于 $4.5g/cm^3$ 的金属或类金属元素，如金（Au）、锌（Zn）、铜（Cu）、铅（Pb）、铁（Fe）等；砷（As）和硒（Se）是类金属元素，由于化学性质和环境行为与重金属相似，一般被认为是重金属元素。重金属污染物质主要分为两类：一类是对生物体有利的微量元素，例如铁（Fe）、铜（Cu）、锰（Mn）、硒（Se）、锌（Zn）等，这类元素过量也将损害生物体正常功能；另一类是不具备生理功能的元素，例如镉（Cd）、砷（As）、汞（Hg）等，这类元素对生物体生长无益且有毒害作用。美国国家环境保护局（USEPA）于 1979 年将银（Ag）、砷（As）、铍（Be）、镉（Cd）、铬（Cr）、铜（Cu）、汞（Hg）、镍（Ni）、铅（Pb）、锑（Sb）、硒（Se）、铊（Tl）、锌（Zn）共 13 种金属及其化合物列入有毒污染物名单，建议对于这些污染物进行优先重点控制。

重金属作为一类具有潜在危害的重要污染物，由于其在土壤-植物系统中所产生的污染过程具有隐蔽性、长期性和不可逆性的特点，所以当重金属在土壤-植物中迁移转化，经过食物链的积累和放大作用以后，对生物将产生更大的毒害作用。食品中重金属污染对人体健康的危害是社会各界共同关注的重大环境问题。动物源食品为人类提供维持生命活动的各种重要营养物质，而动物源食品也是环境中重金属污染物的主要来源。自然环境中的重金属可以通过饮食、接触等方式进入动物体并累积在动物组织中，通过食物链这些重金属容易进入人体，进而威胁人类的健康。目前我国食品安全问题形势依然严峻，人们对餐桌上动物源食品的安全性提出了较多质疑。动物源食品的重金属污染主要有两个方面：一是自然来源，在一些特殊的自然地质环境条件下，如采矿区，该地区的动物暴露在较高重金属含量的环境中，体内容易累积更多的重金属元素；二是人为重金属污染，这是动物源食品中重金属污染的主要原因。据报道，2007年全国工业污染源废水重金属 Cr、Pb、As、Cd 和 Hg 的排放量分别为1643吨、191吨、185吨、37吨和1吨。这些排放的重金属污染物进入环境，一些重要的环境要素如地下水、土壤成了重金属的污染源和二次污染源，进而危害动物，最终危害人类健康。

动物源食品重金属污染的特点主要有三个方面：①一些重金属可通过微生物作用转化为毒性更强的金属化合物；②重金属在动物体内累积，再通过食物链进入人体，重金属在人体内累积将会引起神经系统、肝脏、肾脏等受损；③一些微量的重金属可以引发毒性效应。动物源食品的重金属污染具有隐蔽性、累积性和不可逆性，可通过食物链途径危害人体健康。动物源食品的重金属污染受到了社会各界的广泛关注和重视。

6.1.2　健康风险评估

人体健康风险评估是由美国国家环境保护局最早提出，主要指预测环境污染物对人体健康产生有害影响可能性的过程，包括致癌风险评估、致畸风险评估、化学品健康风险评估、发育毒物健康风险评估、生殖环境影响评估和暴露评估等。人体健康风险评估作为判断环境毒物潜在风险工具，能够帮助决策者作出科学决策，以降低环境危害风险。健康风险评估的主要特点是把环境污染与人体健康联系起来，定量描述环境污染对人体健康可能产生的危害风险。国际食品法典委员会（Codex Alimentarius Commission，CAC）定义了食品危害和风险范畴。危害是指食品中可能引起不良健康效应的生物性、化学性或物理性因素或条件；风险是指一种不良健康效应发生的可能性及其严重程度的函数，一般由食品中的危害因素引起。世界卫生组织（World Health Organization，WHO）国际化学品安全规划署（International Programme on Chemical Safety，IPCS）关于危害和风险的定义与 CAC 制定的不同。危害是指当生物、系统或（亚）人群暴露于某种因素或状况时，该因素或状况具有的产生潜在不良健康效应的天然属性；风险是指生物、系统或（亚）人群在特定情况下暴露于某种因素产生有害作用的概率。

动物源食品重金属污染的健康风险评估是判定动物源食品重金属污染物是否会对人体健康产生危害的首要方法。联合国粮农组织（Food and Agriculture Organization of the United Nations，FAO）和 FAO/WHO 食品添加剂联合专家委员会（Joint FAO/WHO Expert Committee on Food Additives，JECFA）于 1970 年开始对重金属进行风险评估，欧盟于 2002 年建立专门机构负责对食品重金属风险评估。我国国家食品安全风险评估中心（China National Center for Food Safety Risk Assessment，CFSA）于 2011 年成立，负责对食品重金属风险评估。在动物源食品中重金属风险评估方面，JECFA 和农药残留联席专家会议（JMPR）已建立起完善的评估方法与程序，并进行了大量的相关评估工作，其研究结果为动物源食品中重金属的污染控制与风险管理提供了依据。

6.2 实验目的

（1）掌握水产品中重金属含量的测定方法。

（2）掌握食品中重金属污染物健康风险评估方法。

（3）学会针对某一地区污染物特点进行食品中污染物调查及其健康风险评价的选题方法和思路。

6.3 实验要求

（1）阅读分析推荐文献，根据推荐关键词查阅相关的文献资料，熟悉研究内容的背景知识。

（2）以小组为单位研究制定实验方案，确定样品采集、前处理方法以及重金属镉（Cd）、铅（Pb）、铬（Cr）、汞（Hg）、砷（As）、铜（Cu）、锌（Zn）分析和健康风险评价方法。

（3）对研究结果进行分析，查阅相关文献资料，撰写研究论文。

6.4　实验提示

6.4.1　关键词

水产品、鱼、重金属、风险评价、含量。

6.4.2　主要仪器设备

石墨炉原子吸收光度计、等离子体原子发射光谱仪、原子荧光光谱仪、微波消解仪、电热恒温干燥箱、粉碎机、电子天平等。

6.4.3　主要实验方法

6.4.3.1　样品采集

根据××市居民膳食消费数据（数据来源于国家权威部门——国家食品安全风险评估中心开展的第五次中国总膳食研究），选取鲤鱼、草鱼、带鱼、鲈鱼为研究对象，采用抽样调查的方法，样品采集过程参考《国家食品安全监督抽检实施细则（2020年版）》进行。

6.4.3.2　样品前处理

用纯水洗净鱼样，量取体重、体长，去皮后取肌肉组织，用商用搅拌机匀浆。匀浆后肌肉组织冷冻干燥，研磨成粉状待用，其间测定含水率。

称取约0.2g样品于消解罐中，用移液管加入4mL浓硝酸和30％过氧化氢溶液3mL，盖好安全阀后将消解罐放入微波消解系统，按照设定的加热消解程序进行消解［消解程序：70℃，10atm（1atm＝101325Pa），700W，5min；100℃，10atm，700W，5min；120℃，10atm，700W，5min］。消解完全后冷却，将消解罐中的溶液转移至塑料瓶并用超纯水定容至25 mL，混匀过滤后待测。

6.4.3.3　样品分析

采用石墨炉原子吸收光度计测定Cd、Pb、Cr和Cu的浓度，石墨炉设定的升温程序见表6-1。采用等离子体原子发射光谱仪测定Zn，原子荧光光谱仪测定Hg、As。

表6-1　石墨炉设定升温程序

步骤	温度/℃				升温/(℃/s)				保持时间/s			
	Cd	Pb	Cr	Cu	Cd	Pb	Cr	Cu	Cd	Pb	Cr	Cu
干燥	90	90	90	90	5	5	5	5	20	20	20	20
干燥	105	105	105	105	3	3	3	3	20	20	20	20
干燥	110	110	110	110	2	2	2	2	10	10	10	10
灰化	500	450	950	850	250	250	250	250	40	20	10	10
AZ*①	500	450	950	850	0	0	0	0	5	6	4	6

步骤	温度/℃				升温/(℃/s)				保持时间/s			
	Cd	Pb	Cr	Cu	Cd	Pb	Cr	Cu	Cd	Pb	Cr	Cu
原子化	1300	1500	2400	2200	1500	1600	FP②	1500	4	6	3	6
除残	2300	2300	2500	2500	500	500	500	500	5	4	4	4

①石墨炉自动调零技术。

②最大功率升温。

6.4.3.4 数据质量控制

标准加入法建立标准曲线，相关性系数＞0.99；重复建立标准曲线，连续两次响应斜率误差＜5％后方开始样品测试。每分析 10 个样品加 1 个标样测定以校正标准曲线，要求回收率在 85％～120％之间，否则重新建立标准曲线。每天建立新标准曲线。每 10 个样品带 2 个溶剂空白和 1 个基质加标，以确保实验准确性和回收率。

每个样品重复测定两次，两次测量的相对标准偏差（RSD）控制在 5％以内，实验结果取平均后扣除空白；每个样品均带平行样，平行样浓度间的偏差＜25％。浓度小于 2 倍空白值的记为 nd。

6.4.3.5 健康风险评估

(1) 污染水平评估

根据部分机构推荐的鱼体内重金属限量标准，评估鱼样的重金属超标情况。选用的限量标准为《食品安全国家标准 食品中污染物限量》（GB 2762—2017），欧盟标准（EC）

No 1881/2006、No 1067/2013 和联合国粮农组织 FAO 标准。

为进一步了解重金属的污染程度和食用质量，采用单因子评价方法对鱼样本进行污染程度评价，计算公式为：

$$P_i = C_i/S_i \tag{6-1}$$

式（6-1）中，P_i 为第 i 污染因子的污染指数；C_i 为第 i 污染因子的检测数据（浓度）；S_i 为第 i 污染因子的评价标准值。

当污染指数 $P < 0.2$ 时为正常背景值水平，P 为 $0.2 \sim 0.6$ 时为微污染-轻污染水平，P 为 $0.6 \sim 1.0$ 时为中污染水平，$P > 1.0$ 时为重污染水平。

（2）暴露量评估

暴露量估算公式如下：

$$WI_{estimate} = C_i \times IR \times t \ / \ BW \tag{6-2}$$

式（6-2）中，$WI_{estimate}$ 为人群单位体重的周摄入量（weekly intake），$\mu g/kg$；C_i 为食品中污染物的浓度，$\mu g/g$；IR 为食品的摄入量，g/d；t 为每周摄入时间，d；BW 为人群标准体重，kg。

食品摄入和人体参数如下：成人的日均水产品消费量 55g，日平均饮水量 2.2L，日均粮食摄入量为 389.2g，成人标准体重 61.9 kg。

饮水和粮食中的重金属浓度通过文献得到，估算结果如表 6-2 所示。世界卫生组织 WHO 提出了 Cd、Pb、Cr、Hg、

As 的每周最大允许摄入量（provisional tolerable weekly intake，PTWI），PTWI 值分别为 $7\mu g/kg$、$28\mu g/kg$、$25\mu g/kg$、$1.6\mu g/kg$、$15\mu g/kg$。

表 6-2　粮食和水中重金属浓度估算值

元素	水/($\mu g/L$)	粮食/($\mu g/g$)
Cd	0.66	0.035
Pb	5.76	0.356
Cr	4.10	0.199
Hg	0.25	0.029
As	2.46	0.07
Cu	5.90	3.33
Zn	125.82	19.1

（3）健康风险评估

食物摄入后引起人体健康风险的评价模型包括非致癌性健康风险模型和致癌性健康风险模型。

非致癌性健康风险估算方式如下：

$$HQ = C_i \times IR \times FI \times EF \times ED / (BW \times AT \times Rfd) \tag{6-3}$$

式（6-3）中，HQ 为非致癌风险危害商数（hazard quotient on non-carcinogenic risk，HQ）；C_i 为食物中污染物的浓度，mg/g；IR 为食物的摄入量，g/d；FI 为污染食物占总食物量的比例，%；EF 为暴露频率，d/a；ED 为暴露期，a；BW 为人群标准体重，kg；AT 为平均暴露时间，d；RfD 为经口摄入参考剂量，mg/(kg·d)。Cd、Pb、Cr、Hg、As、Cu、Zn 的 RfD 分别为 $1\mu g/(kg·d)$、

1.4μg/(kg・d)、3μg/(kg・d)、0.7μg/(kg・d)、0.3μg/(kg・d)、40μg/(kg・d)、300μg/(kg・d)。根据式（6-3）估算人群食鱼后的可能非致癌性健康风险，以及饮水和粮食摄入的非致癌性健康风险。

致癌性健康风险估算方式如下：

$$R = C_i \times IR \times FI \times EF \times ED \times SF / (BW \times AT) \quad (6\text{-}4)$$

式（6-4）中，R 为致癌风险系数（carcinogenic risk ratio，R）；C_i 为食物中致癌物的浓度，mg/g；IR 为食物的摄入量，g/d；FI 为污染食物占总食物的比例，%；EF 为暴露频率，d/a；ED 为暴露期，a；BW 为人群标准体重，kg；AT 为平均暴露时间，d；SF 为经口摄入的致癌斜率因子，$(mg \cdot kg^{-1} \cdot d^{-1})^{-1}$。在国际癌症研究机构（IARC）和 WHO 编制的化学物致癌性分类系统中，As 被列为化学致癌物；致癌斜率因子 SF 为 1.5 $(mg \cdot kg^{-1} \cdot d^{-1})^{-1}$。

6.4.4　推荐文献

（1）晏翰林，徐承香，巴家文，等.贵州荔波喀斯特洞穴鱼体重金属含量及食用健康风险评价［J］.淡水渔业，2019，49（06）：107-112.

（2）彭菲，尹杰，王茜，等.鱼外渔场海洋生物体内重金属和多环芳烃含量水平与食用风险评价［J］.生态毒理学报，2019，14（01）：168-179.

（3）赵玲，陈维政，周蓓蕾，等.江苏省鲫鱼养殖体系中18种多氯联苯和4种重金属的污染现状与风险评估［J］.

农药学学报，2018，20（01）：90-99.

（4）沈梦楠，康春玉，李娜，等.长春市市售 9 种鱼类中重金属含量分析及健康风险评价［J］.淡水渔业，2018，48（04）：95-100.

（5）谢文平，朱新平，马丽莎，等.珠江三角洲 4 种淡水养殖鱼类重金属的残留及食用风险评价［J］.生态毒理学报，2017，12（05）：294-303.

（6）王丽，陈凡，马千里，等.东江惠州段鱼类重金属污染及健康风险评价［J］.生态与农村环境学报，2017，33（01）：70-76.

（7）马鑫雨，杨浩，姚逊，等.典型养殖型湖泊中的重金属含量及健康风险特征——以宿鸭湖为例［J］.环境科学学报，2016，36（06）：2281-2289.

（8）高蜜，吴星，Paul L. Klerks，等.葫芦岛海产品重金属含量及健康风险分析［J］.生态学杂志，2016，35（01）：205-211.

（9）储昭霞，王兴明，涂俊芳，等.重金属（Cd、Cu、Zn 和 Pb）在淮南塌陷塘鲫鱼体内的分布特征及健康风险［J］.环境化学，2014，33（09）：1433-1438.

（10）谢文平，朱新平，郑光明，等.广东罗非鱼养殖区水体和鱼体中重金属、HCHs、DDTs 含量及风险评价［J］.环境科学，2014，35（12）：4663-4670.

◆ **参考文献** ◆

[1] **魏**军晓.北京市售食品重金属含量特征与健康风险评估 [D].中国地质大学(北京), 2019.

[2] 张文凤.珠三角地区肉鸡组织中重金属的分布特征及其健康风险研究 [D].中国科学院研究生院(广州地球化学研究所), 2015.

[3] 彭倩.小龙虾重金属污染及人体健康风险评估 [D].南京大学, 2015.

[4] 徐青.重金属污染在不同水体淡水鱼中的分布特征及健康风险评估 [D].上海大学, 2013.

[5] 胡利芳.湛江湾海域养殖牡蛎的重金属富集及食用安全性分析 [D].广东海洋大学, 2011.

第7章　蔬菜中农药残留现状调查及膳食暴露风险评估

——以"××市售蔬菜20种农药残留现状调查及膳食暴露风险评估"为例

7.1 背景知识

7.1.1 蔬菜安全

人们在平时的日常生活中会食用很多种蔬菜，而蔬菜的分类也有各种各样的方法与依据。农业生物学分类法是最常用的一类，就是以蔬菜的农业生物学特性作为分类依据进行分类。

任何一种新鲜蔬菜都具有丰富的营养元素，是维持人体健康的主要组分，但是在一定程度上，蔬菜也成为农药等有毒有害物质的藏身之处和来源。日常见到的大多数蔬菜都具有水分含量高、栽培范围广、生长速度较快以及生长周期短的特点，并且也是害虫觅食的常去场所，因此，农药残留等方面的危害风险明显高于其他各类农作物。

在全世界范围内粮食蔬菜的提质增产是关键问题，特别是在第二次世界大战以后，全球范围内大量使用农药，蔬菜中的农药残留日益增多，成为食品安全的主要隐患，尤其是在一些发展中国家，农药的使用更加泛滥。此外，不光是农药的使用，农药的生产、运输过程都会污染环境，成为公共卫生的重要隐患。绿叶蔬菜含有丰富的营养组分，是营养学界倡导的一类食物，具备种植简单、生长较快、成本较低等特点，是人体所需维生素、矿物质以及各类氨基酸的重要来源，同时具有多种生物学功能，可以起到一定的抗氧化作用，在延缓衰老，缓解高血压、高血脂以及降低心血管疾病发病率方面具有重要的积极作用。同时，绿叶蔬菜中的高膳食纤维可以帮助人体产生饱腹感，控制体重并减少糖尿病和结肠癌等各类慢性疾病的发病率。总而言之，大量食用水果和绿叶蔬菜可以普遍降低各类慢性疾病，特别是心血管疾病等慢性病的发生率。

7.1.2 农药残留与监管

农药是在作物种植、收获、储藏和运输过程中使用的一类化学物质，用来保护作物不受外来害虫以及植物的侵袭，使作物品质得到提高。虽然农药在作物的种植过程中具有一定的保护功能，但是农药的使用却至关重要，一旦使用不当将会造成严重后果。如果人体不慎食入或沾染了过量的农药将会导致各类疾病的产生，轻者头痛、恶心和腹泻，重者会导致生殖系统和内分泌系统疾病、癌症甚至死亡等。同时，过量使用农药，会导致各类害虫对农药的抗性增强，间接导致农药的使用量进一步加大，形成恶性循环。为了解决这一问题，监管部门提出设立最大残留水平这一指标，严格限制相关食品中农药的残留数目和含量，并且在世界范围内通用。

中国是世界上的农药使用大国，按照使用农药的类型大体可以分为拟除虫菊酯类、氨基甲酸酯类以及有机磷类农药等多种类型。目前，农药的功能也逐渐由杀虫杀菌向低毒、对人体无害方向发展。由于农药对于作物的生产具有十分重要的作用，有报告显示农药对作物的损失挽救率可以达到

35％，对于世界范围内农业的发展和人类粮食供应都具有非常重要的作用。但是，随着研究发现，在果蔬中农药的泛滥使用，也造成了大量的农药残留，开展农药残留和污染的监管势在必行。

7.1.3　农药残留样品前处理技术

目前针对农药残留的检测分析首要问题就是从样品中提取分离出相应的农药和污染物，经过多年的发展，已经取得了大量的成果，现在常用的方法是使用一种或多种技术相结合进行样品中农药的分离和提取，其中包括液-液萃取、固相萃取（SPE）、凝胶渗透色谱（GPC）、基质固相分散（MSPD）等常用方法。

7.1.3.1　液-液萃取和分散液-液萃取

液相萃取法（LPE）或液相-固相萃取法（LSE）是目前最常用到的一类从食品样品中分离残留物的方法，例如在鸡蛋、蔬菜和水果中都已经得到应用，主要通过高速的均质过程，可以使混合后的样品从不同的液相中萃取获得，特别是利用乙酸乙酯、丙酮和乙腈为原料的萃取方法应用最为广泛并且效果最好。提取果蔬中农药最早和经典的方法就是以乙腈饱和的正己烷体系为萃取剂去除样品中的油脂类，再以正己烷饱和的乙腈体系为萃取剂提取。虽然，这种方法在现在看来，无法与气相和液相检测进行比较，但为农残检测的发展打下了坚实的基础。

7.1.3.2 固相萃取和固相微萃取

在固相萃取法中，目标待测物从样品基体到纤维萃取过程中，可以选择将涂层纤维直接浸没在液体样品中（直接使用固相萃取法），也可以选择在顶空进行，通常把这种技术称为顶空固相微萃取（HS-SPME）。在 HS-SPME 中，包覆的纤维可以先悬浮在样品上方的小瓶中，待达到平衡后（良好的暴露时间为 15～25min），再将纤维引入 GC 仪器的注射口，对待测分析物进行热解吸分析。这一过程中影响萃取步骤的因素有许多，其中，纤维类型、样品 pH 值、萃取时间、离子强度、萃取温度和样品搅拌等影响最大。同时，对脱附步骤影响最大的变量包括脱附时间、环境温度以及焦炉温度。固相微萃取（SPME）是由 Pawliszyn 介绍的一种萃取技术，是一种替代其他萃取方法的萃取技术，因为它能够将采样、萃取、浓缩和样品导入于一个单一的环节，而不需要使用溶胶，所以被人们所熟知。

7.1.3.3 加压液体提取

随着技术的不断发展，新的萃取技术不断涌现，加压液体萃取法（PLE）也被称作加速溶剂萃取法（ASE），是新产生的一类自动化萃取方法，常应用于鱼类、组织、蔬菜等复杂基质中的农药残留物分离。这种方法的主要特点是利用在高温（50～200℃）和一定压力下（500～3000psi，1psi＝6894.757Pa）的短时间（5～10min）进行萃取。萃取过程如下：将固体样品装入萃取池中，使用传统的低沸点溶剂或混合物，在高达200℃的条件下和一定压力下（30～200atm），从基质中分离检测物并分析。但是，各种影响因素对提取效率影响很大，如萃取压力和温度条件。此外，样品模型影响也会对萃取有影响。并且，当使用疏水性有机溶剂进行萃取时，由于水的存在阻碍了溶剂与待测物之间的充分接触，水含量的升高会降低分析物的萃取效率。

7.1.3.4　超临界流体萃取

超临界流体萃取（SFE）是指利用超临界条件下的流体作为萃取剂，从不同的样品中分离萃取出相应组分，实现分离的目的，其中CO_2是现在使用最多的一类超临界流体。超临界流体萃取法由于使用的是无毒无害的廉价液体CO_2，只需要调节流体密度就可实现萃取过程，而且分离效果好，受到研究人员重视，并且随着研究的不断系统深入，超临界流体萃取法的应用现在也越来越广泛。但是，由于超临界流体萃取设备价格昂贵，而且分离条件的方法开发一直发展缓慢，近年来使用量逐渐下降。

7.1.3.5　微波萃取法

微波萃取法又叫微波辅助萃取法，使用微波能加热与待测样品接触的溶剂，将待检物质从样品中提取出来并转入溶剂，这是在传统萃取工艺基础上强化传热、传质的过程，是一种新型萃取技术，具有重要的发展潜力。经过多年的发展，微波萃取法的萃取速度、萃取效率及萃取质量比常规方法好，大力推动了天然产物的提取分离发展。

7.1.3.6 凝胶渗透色谱

凝胶是一类具有化学惰性，无吸附、分配和离子交换作用的物质。将凝胶制作成含有一定孔径的微粒，填充在色谱柱中形成分离柱。当待测物流经凝胶色谱柱时，分子量较大的组分（体积大于凝胶孔隙）被排除在粒子中的小孔之外，只能从粒子间的间隙通过，速率较快；而分子量较小的分子可以进入粒子中的小孔，通过的速率要慢得多；中等体积的分子可以渗入较大的孔隙中，但受到较小孔隙的排阻，介乎上述两种情况之间。经过一定长度的色谱柱后，分离物根据分子量被分开，分子量大的在前面，分子量小的在后面，这样可以实现不同物质组分的分离。在多种物质的分离提取中，这种技术目前发挥着重要的作用，高自动化程度是其最大优点。相比之下，在农药分离提取过程中应用的主要不足是农药组分与基质成分（主要是甘油三酯）的部分重叠，也很难建立从基质中完全分离出农药组分的优化条件，即色谱法适合于分子量相差较大组分的分离，分子量接近组分的分离往往效果不佳。

7.1.3.7 QuEChERS 方法

QuEChERS 方法的原理是类似于高效液相色谱（HPLC）和固相萃取，依靠吸附剂填料与基质中的杂质进行相互作用，从而能够吸附杂质，去除杂质。这门方法是 2003 年由 Anastassiades 研究小组首先开发出来的，现已广泛应用于食品中水果和蔬菜农药的残留分析。QuEChERS 方法具有十分突出的优势：①对大量极性及挥发性的农药的回收率大于 85％，回收率较高；②易于实施校正；③能够检测的农药范围相对较广，例如极性和非极性类农药均可运用该技术进行回收；④一般可以在 30min 内完成多个样品的处理，检测速度较快；⑤溶剂使用量较少，对环境的污染小；⑥易于操作，对人员要求不高；⑦安全性相对较高，乙腈加到容器后会立即密封，减少人员接触；⑧装置需求简单，容易满足。因此，鉴于以上多种优势，QuEChERS 样品制备方法与气相、液相色谱-质谱偶联的结合检测方法在全球范围内得到了广泛认可和普及。

7.1.4　农药残留的检测方法

目前常见蔬菜中农药残留的类型主要包括有机磷类、有机氯类、氨基甲酸酯类和拟除虫菊酯类这四种。农药残留的常规检测方法主要包括酶抑制法和理化分析法。其中酶抑制法重点关注农药残留的定性测量，是常用的一类快速检测方法。理化分析法更关注于对农药残留的定量测量，常用检测方法主要包括气相色谱法、（高效）液相色谱法。

7.1.4.1　酶抑制法

酶抑制法通常用来快速检验有机磷类和氨基甲酸酯类农

药的存在，其基本原理在于这两类农药可以对乙酰胆碱酯酶或羧酸酯酶的活性产生抑制，当加入另一种显色剂后，可以肉眼观测到显色剂的颜色是否变化，以此表征酶的活性是否受到抑制，若是酶的活性受到抑制则不显色，表示农药的存在，但无法获得具体的农药品种和农药数量。目前酶抑制法由于操作简便、成本低、易维护、检测时间短，主要用于农药残留的现场检验。

7.1.4.2 气相色谱法

气相色谱法具有选择性好、分离度高、灵敏度高、分析时间短等多种优点，是目前实验室检测的最常用方法之一。气相色谱法能够同时对多种农药残留进行定性和定量测定，但是农药种类繁多，结构差异大，不同类型的农药检测时需要配以相应的检测器，而且农药残留量普遍较低，所以对检测器的选择至关重要。通常选择电子捕获检测器（ECD）检测有机氯类和拟除虫菊酯类农药，采用火焰光度检测器（FPD）检测有机磷类农药，采用氮磷检测器（NPD）检测氨基甲酸酯类农药。气相色谱法的缺点是：一方面在于其分析多数是在高温条件下进行的，对于热不稳定型化合物的测量不适合采用气相色谱法；另一方面在于其得到的数据只有保留时间，若无相关数据库，则无法确定相关物质。

7.1.4.3 液相色谱法

与气相色谱法相比，（高效）液相色谱法应用范围更广，具有分离效率高、分析速度快、更加自动化的特点。在生物化学、有机化学、药物检测、医学、食品科学、化工、环境监测等方面具有广泛的应用，可以对高沸点、热不稳定、非挥发性化合物进行重点分析。几乎所有化合物都可以用（高效）液相色谱法进行测定。

7.2　实验目的

（1）掌握蔬菜中农药残留量的测定方法。

（2）掌握蔬菜中农药残留风险评估方法。

（3）学会针对某一地区蔬菜中农药残留状况进行调查及健康风险评价的选题方法和思路。

7.3　实验要求

（1）阅读分析推荐文献，根据推荐关键词查阅相关的文献资料，熟悉研究内容的背景知识。

（2）以小组为单位研究制定实验方案，确定 XX 市蔬菜常用农药种类，确定定量检测农药残留的方法，根据检测结果进行相关人体健康风险评估。

（3）对研究结果进行分析，查阅相关文献资料，撰写研究论文。

7.4 实验提示

7.4.1 关键词

蔬菜、农药残留、风险评估、拟除虫菊酯、有机磷、氨基甲酸酯、气相-质谱检测。

7.4.2 主要仪器设备

气相色谱质谱联用仪（GC-MS）、UPS稳压电源、超声波清洗机、氮气吹干仪、真空干燥箱、离心机、电子天平等。

7.4.3 主要实验方法

7.4.3.1 蔬菜种类的选择

根据中华人民共和国商务部2013年发布的SB/T 10029—2012《新鲜蔬菜与代码》，依据生物学特性及栽培技术特点分为14大类，分别是芽菜类蔬菜、绿叶菜类蔬菜、豆类蔬菜、瓜类蔬菜、食用菌类蔬菜、葱蒜类蔬菜、茄果类蔬菜、薯芋类蔬菜、根菜类蔬菜、多年生蔬菜、水生蔬菜、野生蔬菜类、白菜类蔬菜、其他类。通过阅读××市蔬菜中农药残留检测相关文献，总结易检出农药残留的蔬菜种类，并结合××市饮食特点，选取了8类常见蔬菜作为实验对象。

7.4.3.2　农药种类的选择

常见农药主要为有机磷类、氨基甲酸酯类、拟除虫菊酯类三大类。通过查阅近 5 年我国有关农药残留检测相关综述类文献、××市农药残留检测相关文献，综合实验成本，最终确定常见检测且文献报道有检出的农药作为研究的检测对象。

7.4.3.3　样品前处理方法

本实验选取容易操作、人员要求较低的且近年被广泛使用的 QuEChERS 方法作为前处理操作方法。购置蔬菜样品前处理试剂盒，结合文献中不同净化材料配比，称量得到试剂盒中提取盐包总重和净化材料总重，得出净化材料用量。

7.4.3.4　农药定性和定量检测

（1）GC-MS 仪器条件

仪器条件参考 GB 23200.8—2016 国家标准中的 GC-MS 条件。色谱柱：DB-1701（30m×0.25mm×0.25μm）石英毛细管柱；色谱柱温度程序：40℃保持 1min，然后以 30℃/min 程序升温至 130℃，再以 5℃/min 升温至 250℃，再以 10℃/min 升温至 300℃，保持 5min；载气：氦气，纯度 ≥ 99.999%，流速：1.2mL/min；进样口温度：290℃；进样量：1μL；进样方式：无分流进样，1.5min 后打开分流阀和隔垫吹扫阀；电子轰击源：70eV；离子源温度：230℃；GC-MS接口温度：280℃；选择离子监测：每种化合物分别选择一个定量离子，2～3个定性离子。

（2）农药定性标准

样品测定时，如果出现的色谱峰的保留时间与标准品相同，并在扣除背景之后的质谱图中，均出现所选择的离子，且离子丰度比与标准品离子丰度比一致［相对丰度＞55％，允许±15％偏差；相对丰度＞（25％～55％），允许±20％偏差；相对丰度＞（15％～25％），允许±25％偏差；相对丰度≤15％，允许±55％偏差］，就可以判断样品中存在这种农药或相关化学品。如不能确认，可以再次进样，采用增加其他确证离子的方法或用其他灵敏度较高的分析检测仪器来二次判定。

（3）定量方法

使用外标法进行单离子定量测定，为了减少基质的影响，将工作溶液与标准溶液混合。标准溶液的浓度应与待测化合物的浓度相似，定量测定需要平行和空白测试，同时进行回收率和精密度实验。

7.4.3.5　人体健康风险评估

（1）农药日摄入量（EDI）

市民因食用蔬菜摄入的有机磷农药含量计算公式：

$$\mathrm{EDI} = c \times \mathrm{Con}/\mathrm{BW} \tag{7-1}$$

式 (7-1) 中，EDI 为农药日摄入量，mg/kg；c 为样品中农药含量，mg/kg；Con 为市民食品平均消耗量，约为 283.8g；BW 为成年市民平均体重，约为 60kg。

(2) 目标危险系数 (THQ)

THQ 是将测量的人体摄入农药剂量与参考农药剂量的比值为评价标准，评价目标物是否对人体造成危害。这种适用于单一农药的评估，并假定人体摄入剂量与吸收剂量相同。

目标危险系数计算公式：

$$THQ = EDI/ADI \tag{7-2}$$

式 (7-2) 中，EDI 为有机磷农药日摄入量，mg/kg；ADI (acceptable daily intake) 为每日允许摄入量，mg/kg，其值参考 GB 2763—2019《食品安全国家标准　食品中农药最大残留限量》。

若 THQ<1，则无显著健康风险；若 THQ>1，暴露人群有明显健康风险。THQ 值越大，表明相应的风险越大。

(3) 风险指数 (HI)

HI (hazard index) 用于评价复合污染的健康风险。公式如下：

$$HI = \sum_{n=1}^{i} THQn \tag{7-3}$$

若 HI<1，表明复合污染无显著健康风险；若 HI>1，则表明存在明显健康风险。HI 值越大，相应的风险越大。

7.4.4 推荐文献

（1）田丽，王玮，胡佳薇，等.2012—2018 年陕西关中地区市售蔬菜中农药残留调查 ［J］.卫生研究，2019，48（06）：953-956.

（2）张婷，万玉萍，段毅宏，等.云南省新鲜蔬菜中 11 种有机磷农药残留情况分析及慢性累积暴露评估 ［J］.中国食品卫生杂志，2019，31（05）：475-480.

（3）施艳红，刘玉莹，肖金京，等.蔬果中残留农药的生物可给性及其膳食暴露评估研究进展 ［J］.安徽农业大学学报，2018，45（05）：938-944.

（4）卢素格，张榕杰，张伟，等.2017 年河南省蔬菜和水果中杀菌剂类农药残留风险评估 ［J］.中国预防医学杂志，2018，19（10）：747-751.

（5）徐匡根，上官新晨，徐慧兰.2012—2014 年江西省蔬菜中重金属污染及农药残留监测分析 ［J］.江西农业大学学报，2017，39（04）：706-712.

（6）王坦，刘福光，董茂锋，等.中欧蔬菜农药残留检测方法差异及应对 ［J］.食品科学，2018，39（13）：317-323.

（7）孙玲，黄健祥，邓义才，等.广东省主要叶菜农药残留膳食暴露风险评估研究 ［J］.食品科学，2017，38（17）：223-227.

（8）林珠凤，吉训聪，潘飞，等.海南省冬季瓜菜农药使用现状调查与分析［J］.昆虫学报，2016，59（11）：1282-1290.

（9）中华人民共和国国家卫生健康委员会，等.食品安全国家标准　食品中农药最大残留限量：GB 2763—2019.2019.

（10）中华人民共和国国家卫生和计划生育委员会，等.食品安全国家标准　水果和蔬菜中 500 种农药及相关化学品残留量的测定气相色谱-质谱法：GB 23200.8—2016.2016.

◆ 参考文献 ◆

［1］刘欣欣.2017—2018 年长春市常见市售蔬菜中 18 种农药残留检测及相关人体健康风险评估［D］.吉林农业大学，2018.

［2］张明超.德州市出口蔬菜农药、重金属污染状况及风险评估的研究［D］.山东农业大学，2016.

［3］王俊增.吉林省 5 城市市售蔬菜中 20 种农药残留现状调查分析及膳食暴露风险评估［D］.吉林大学，2018.

［4］姜莉.洛南县蔬菜中六种有机磷农药残留检测分析［D］.西北农林科技大学，2019.

［5］魏颖.山东省 2011—2013 年市售蔬菜农药残留及膳食暴露风险评估［D］.山东大学，2015.

［6］李步南.四川省四种常用蔬菜农药残留检测和人体健康风险评估［D］.西安科技大学，2019.

第8章 食品中黄曲霉毒素的消减技术及其质量评价

——以"花生中黄曲霉毒素的消减技术及其质量评价"为例

8.1 背景知识

8.1.1 黄曲霉毒素

黄曲霉毒素（aflatoxin，AFT）是一类常见的真菌毒素，其来源主要是黄曲霉（*Aspergillus flavus*）和寄生曲霉（*Aspergillus parasticus*）等真菌在合适条件下代谢产生的次生代谢产物。在 10～45℃ 条件下，黄曲霉均可生长并产生黄曲霉毒素，其最适生长温度为 28～34℃，最适产毒温度为 24～30℃，环境湿度为 85% 以上。黄曲霉毒素主要在粮食加工以及储运过程中产生，具有广泛的污染性，严重破坏粮油作物的品质，特别在玉米和花生中这类毒素最为常见，也主要与这类作物中含有能刺激黄曲霉生长繁殖的促生长因子有关系。一般情况下，黄曲霉孢子存在于土壤中。在进行粮食收获前，温度合适的情况下，如果遇到干旱天气，作物遭受干旱，其水分含量逐步降至 12%～30%，作物活体植株和果实产生植物保卫素、抑真菌蛋白等抗性物质的能力受阻。在此条件下，黄曲霉极易生长并产毒。因此高温和干旱的作用是粮食收获前被黄曲霉菌侵染的主要原因。相反，如果粮谷收割期间恰逢遇上阴雨潮湿天气，作物也容易受潮并长霉从而产生黄曲霉毒素；此外，如果粮谷收获后的保藏条件不适宜也会引发黄曲霉污染从而产生黄曲霉毒素。根据有关报道显示，联合国粮农组织初步估计全世界谷物中有 25% 受霉菌毒素污染，并且全球每年至少有 2% 的农产品因黄曲霉毒素污染而被销毁。

目前已经发现的黄曲霉毒素有 20 多种，这些黄曲霉毒素的化学结构和理化性质有一定的相似性。一般按照黄曲霉毒素在紫外线照射下所激发的荧光颜色不同，可分为 B 族和 G 族两大类和相应衍生物。此外，B 族毒素在紫外线照射下会激发出蓝色荧光，G 族毒素则会激发出绿色荧光。最常见的黄曲霉毒素为 AFB_1、AFB_2、AFG_1、AFG_2、AFM_1、AFM_2。其中 AFM_1、AFM_2 是 AFB_1、AFB_2 在动物体内的代谢产物，常见于动物组织和体液中，如牛奶、尿液中。黄曲霉中也不是所有菌株都会产生黄曲霉毒素，只有 50％的菌株能够代谢产生黄曲霉毒素，并且一般只产生 B 族黄曲霉毒素，对于寄生曲霉来说基本上都能够产生 B 族和 G 族黄曲霉毒素。

美国麻省理工学院 Büchi 教授实验室于 1963 年发现并确定了黄曲霉毒素的化学结构。经过分析发现，黄曲霉毒素的分子量在 312～346 之间，熔点在 200～300℃之间。黄曲霉毒素都是无色、无味、无臭的，易溶于甲醇、乙腈、氯仿、二甲基亚砜等中等极性溶剂，难溶于水、乙醚、石油醚，在水中的最大溶解度为 1mg/L。常见黄曲霉毒素的分子结构非常类似，都是二氢呋喃氧杂萘邻酮这类物质的衍生物。其分子结构中均含有一个二氢呋喃环和一个氧杂萘邻酮（又称"香豆素"）。其中二氢呋喃环是黄曲霉毒素的基本毒性结构，与黄曲霉毒素的毒性有关，也是引发人类原发性肝癌的主要结合部位。氧杂萘邻酮与致癌性有关。黄曲霉毒素的理化性质普遍比较稳定，也是至今为止发现的最为稳定的一类真菌毒素。高温加热到 $268℃$ 才能分解，对酸稳定，遇碱则能迅速分解，内酯环被破坏，形成香豆素钠盐，但此反应可逆，在酸性条件下可复原。

黄曲霉毒素不仅对作物有一定的污染性，还以其强毒性被人们所熟知，能够对人和动物的肝脏以及中枢神经产生极大的神经毒害作用。常见的动物体黄曲霉毒素中毒症状包括黄疸、嗜睡、垂翼等，并且会导致肠胃紊乱、贫血、生长性能及饲料利用率下降、胰脏消化酶活性下降、免疫能力下降、肝脏肿大、生殖能力受到极大影响等毒害作用。当人体食用了黄曲霉毒素污染的食物后，轻症者容易出现发热、腹痛、呕吐、食欲减退等症状，严重者在 $2\sim3$ 周会出现肝区疼痛、肝脾肿大、肝功能异常等肝病症状，甚至有部分人群会出现心脏扩大、肺水肿、痉挛、昏迷等严重症状。当人体一次性大量摄入黄曲霉毒素后，会导致机体出现急性中毒死亡。正常情况下，普通动物的半数致死量大约为 $0.36mg/kg$，除了具有很强的急性毒性外，黄曲霉毒素还具有明显的慢性毒性，小剂量的长期摄入可致畸、致癌和致突变。

化学结构不同的黄曲霉毒素之间其毒性会有所差别，常见黄曲霉毒素的毒性强弱顺序为 $AFB_1 > AFM_1 > AFG_1 > AFB_2 > AFM_2 > AFG_2$。$AFB_1$ 是毒性最强的毒素，在 1993 年被世界卫生组织的癌症研究机构定为 I 类致癌物，其毒性是 KCN 的 10 倍，砒霜的 68 倍，三聚氰胺的 416 倍，致癌力是二甲基亚硝胺的 70 倍，六六六的 10000 倍，比 3,4-苯并芘引发肝癌的概率高 4000 倍。多年来，世界各国不断发生黄曲霉毒素中毒事件，严重威胁着人畜健康和食品安全，成为全球农产品质量和食物安全中的重大问题之一。1974年，印度西部曾爆发过一次流行肝炎，导致 106 人死亡，397 人感染，调查发现，事情起因于当地居民食用了下雨后霉变的玉米。2004 年的 1 月至 6 月，肯尼亚地区东部发生了黄曲霉毒素中毒事件，125 人死亡，317 人出现肝脏衰竭，结果调查后显示，所在地区人群所食玉米样本中黄曲霉毒素 B_1 的浓度达到 $4400\mu g/kg$，是此地区限量值的 220 倍。在我国，黄曲霉毒素含量超标成为我国粮油产品出口国外受阻的一大原因，并已引发多起国际贸易纠纷，给我国造成了巨大的经济损失，必须引起人们的重点关注。

8.1.2 农产品及食品中黄曲霉毒素的限量标准

我国对花生等作物及其衍生制品中黄曲霉毒素有一定的限量，并且具有 2 项国家强制性标准，2 项国家产品标准，5 项农业行业标准和 3 项轻工行业标准。此外，在我国 GB 2761—2017 中规定的食品中黄曲霉毒素 B_1 和黄曲霉毒素 M_1 限量标准中显示，花生及其衍生制品中黄曲霉毒素的含量不得超过 $20\mu g/kg$，在酿造酱中黄曲霉毒素含量不得超过 $5.0\mu g/kg$。同时，欧盟、日本等国家和组织在进口贸易中，也对进口食品限定了严格的标准。虽然日本规定食品中黄曲霉毒素的限量标准为 $10\mu g/kg$，但是在进行进口贸易过程中，本国内的检验检疫制度规定进口食品中黄曲霉毒素限量标准是"不得检出"。

8.1.3　食品中黄曲霉毒素的检测方法

目前常用的 AFT 检测方法有很多，如薄层色谱法（TLC）、酶联免疫吸附分析法（ELISA）、高效液相色谱法（HPLC）、亲和柱高效液相色谱法（IAG-HPLC）等方法。

TLC 法是传统的、最早用于检测 AFT 的方法，也是测定 AFT 的经典方法，是我国测定食品及饲料中 AFB_1 的标准方法之一。TLC 法的基本原理是将待测样品中的 AFT 经过提取、柱色谱、洗脱、浓缩和薄层分离后，根据 AFT 具有荧光特性，在波长为 365nm 紫外线下 AFB_1、AFB_2 可发出紫色的荧光，AFG_1、AFG_2 则发出绿色的荧光，然后依据其在薄层板上面显示的荧光强度来确定含量。TLC 法所需基础条件简单，设备价格低，容易操作，便于普及推广，对实验要求低，适合对 AFT 进行定量与定性分析。但另一方面，TLC 法对人有一定危害，并且对环境也有污染，以及前期处理操作繁多，对样品的荧光强度影响因素较多，并且使用这种方法能够检测的最低检测限是 5g/kg，与一般要求的安全剂量 0.01μg/kg 相差较大，并不适用于目前实验的分析检测。

酶联免疫吸附试验（ELISA）是免疫酶技术的一种，是把抗原-抗体特异性反应和酶催化作用的高效性相结合的一种微量分析技术，灵敏度高，可以达到 ng/mL 至 pg/mL 水平，具有特异性强、快速、定性和定量的特点。ELISA 法的基本原理是利用抗原-抗体之间的特异性结合间接测定 AFT 的含量，基本方法是首先将抗原固定于载体基质表面，使用漂洗液将未固定的抗原洗掉，然后加入一抗与样品混合进行孵育，随后形成抗原-抗体复合物，洗去未结合的一抗后，向其中加入酶标记的二抗，二抗可与一抗进行结合，随后加入相应的底物与二抗上的酶进行反应，底物在酶的作用下发生反应产生有色物质，通过使用酶标仪进行检测即可检出对应底物的降解量，间接推算出抗原的含量，使用 ELISA 检测的最低检出限为 $0.02\mu g/kg$。由于实验过程要求较高，如果加样过程控制得不好，会使得 ELISA 法较易出现假阳性或假阴性的结果。

HPLC 法是现在国内外对黄曲霉毒素检测准确性最高且使用最广泛的一类方法，是当今社会最先进的分析方法，该方法已经被国际标准化组织（ISO）定为测定 AFT 的国际标准法之一，同时也是我国检测 AFT 的国家标准法之一。该方法不仅能够快速准确地对 AFT 进行检测，还具备灵敏度高、操作简便、容易回收等许多优点。目前在食品行业中，对 AFT 的测定大多数选择这种方法进行。HPLC 的基本原理是首先对样品使用甲醇-水进行提取分离，然后将提取液经过滤、稀释后再通过特异性酶联免疫亲和柱色谱进行净化，并且选择合适的流动相，将色谱后的样品在一定的流速下通过高效液相色谱柱，分离出 AFT，再使用荧光检测器对分离出的样品进行检测。使用 HPLC 的检测方法不仅可以对样品中 AFT 的总量进行测定，还能够对样品中

AFB_1、AFB_2、AFG_1、AFG_2、AFM_1 等不同组分的含量进行测定。

8.1.4　黄曲霉毒素的消除技术

在黄曲霉毒素控制方面，国际上研究建立了几种可行途径：控制栽培和贮藏条件，减少黄曲霉的侵染和产毒；研制能够抵抗黄曲霉的作物新品种；建立产后黄曲霉毒素防控技术规程。黄曲霉毒素化学性质稳定，耐高温且不易变性，因此黄曲霉毒素的预防比消除往往更重要。由于黄曲霉毒素的污染在农产品收获、运输、贮藏等各个环节中都有可能出现，所以在粮谷食品生产过程中，容易出现黄曲霉毒素超标的事件。对于已经污染的粮油产品来讲，仅有的防毒措施并不能解决已经残留的毒素。如果全部销毁，将会造成很大的损失。因此，农产品收获后黄曲霉毒素的降解技术一直是研究的热点。按照黄曲霉毒素的化学性质，理论上来说有三种消除途径：第一种是脱除毒素，第二种是将毒素转化成无毒物质，第三种是将毒素直接降解为无毒的小分子类物质。目前，最常用的去毒方法主要包括物理法、化学法、生物法三大类。

物理法主要包括物理挑拣法、高温破坏法、紫外线照射法、γ-射线照射、吸附剂吸附法等。化学法主要是应用一些化学物质，改变黄曲霉毒素毒性分子结构，将黄曲霉毒素直接分解或转化成其他无毒或低毒物质。生物法包括生物酶解法、微生物的吸附作用、微生物代谢产物的降解作用。紫外线具有波长短、能量高的特点，可以直接破坏物质分子中的化学键，导致化学键断裂。对于含有不饱和化学键的物质，紫外线更易作用于不饱和键，能够打开化学键，改变相应物质的初始结构和性质。有部分研究证实，当紫外线作用于 AFB_1 时，容易促进 AFB_1 降解，会生成多种产物，并且经紫外照射后毒物的毒性以及致癌性都明显减少。紫外线照射法简单易行、成本低，在降解粮油中黄曲霉毒素方面具有很大的应用前景。

在食品中进行黄曲霉毒素消除技术的研究对于减少黄曲霉毒素污染、确保农作物以及农产品质量与食物安全、促进花生产业发展、解决国际贸易纠纷及减少经济损失具有重要意义。

8.2 实验目的

（1）掌握间接 ELISA 法检测农产品中黄曲霉毒素的方法。

（2）掌握农产品中黄曲霉毒素消除技术及其处理后品质质量评价方法。

（3）学会针对区域主导农产品特点进行食品中黄曲霉毒素污染检测的选题方法和思路。

8.3 实验要求

（1）阅读分析推荐文献，根据推荐关键词查阅相关的文献资料，熟悉研究内容的背景知识。

（2）以小组为单位研究制定实验方案，研究紫外线对花生黄曲霉毒素降解效果的影响，评价紫外线去除黄曲霉毒素对花生酸价、过氧化值、多酚含量、白藜芦醇等品质的影响。

（3）对研究结果进行分析，查阅相关文献资料撰写研究论文。

8.4　实验提示

8.4.1　关键词

黄曲霉毒素、花生、检测、控制、脱除方法、质量评价。

8.4.2　主要仪器设备

高效液相色谱仪、紫外可见分光光度计、恒温培养箱、冰箱、超声波清洗器、组织捣碎机、离心机、恒温箱、氮气吹干仪、小型粉碎机、小型千斤顶、紫外灯、电子天平等。

8.4.3　主要实验方法

8.4.3.1　花生中黄曲霉毒素的提取

参照 GB 5009.22—2016 中"第二法　高效液相色谱-柱前衍生法"对花生中黄曲霉毒素进行提取测定。将准确称取并且经过磨细后（粒度小于 2mm）的试样 5.00g 置于 50mL 离心管中，然后向其中加入 20.0mL 甲醇-水溶液（70%：30%），充分振荡混匀后，在超声波清洗器中超声 20min，然后在 6000r/min 下离心 10min，取上清液备用。

8.4.3.2 净化、衍生

按照净化柱操作的说明，吸取适量上清液进行净化，并且收集全部净化液。然后，准确移取 4.0mL 净化液于 15mL 离心管中，并使用氮气在 50℃下将其缓缓地吹至近干，接着分别向其中加入 200μL 正己烷和 100μL 三氟乙酸，充分振荡 30s 后，在 40℃±1℃ 的恒温箱中进行衍生，15min 后，再使用氮气在 50℃下将其缓缓地吹至近干，使用初始流动相将衍生物定容至 1.0mL，振荡 30s 后充分溶解残留物，使用 0.22μm 滤膜进行过滤，将滤液收集于进样瓶中以备进样。

8.4.3.3 色谱参考条件

① 流动相：A 相为水，B 相为乙腈-甲醇溶液（50%：50%）。

② 梯度洗脱：24% B（0～6min），35% B（8.0～10.0min），100% B（10.2～11.2min），24% B（11.5～13.0min）。

③ 色谱柱：C_{18} 柱（柱长 150mm 或 250mm，柱内径 4.6mm，填料粒径 5.0μm），或相当者。

④ 流速：1.0mL/min。

⑤ 柱温：40℃。

⑥ 进样体积：50μL。

⑦ 检测波长：激发波长 360nm，发射波长 440nm。

8.4.3.4　紫外照射对花生中黄曲霉毒素降解效果的研究

选用 254nm、365nm 两种波长的紫外灯，每种紫外灯分 6W、8W、15W 三种功率。在密闭的箱子顶部装置紫外灯，将 1kg 花生平铺于箱子底部，花生平铺面积为 30cm×40cm，紫外灯照射高度为 10cm。分别用上述紫外灯对花生进行照射，照射时间为 0h、0.5h、1h、3h、6h。处理后的花生用 HPLC 测定黄曲霉毒素的含量，并进行品质评价分析。

8.4.3.5　紫外照射处理后花生品质的评价

测定酸价、过氧化值、多酚含量、白藜芦醇含量来评价花生经紫外线处理后品质的变化，选用 254nm、15W 条件的紫外线处理后的花生，所有指标在花生处理后室温放置至少两周后测定，每个样品做三次平行。

用小型千斤顶实验室压轧方式制备花生油，按照 GB 5009.229—2016《食品安全国家标准　食品中酸价的测定》方法测定花生油酸价，按照 GB 5009.227—2016《食品安全国家标准　食品中过氧化值的测定》方法测定花生油过氧化值，按照 T/AHFIA 005—2018《植物提取物及其制品中总

多酚含量的测定　分光光度法》方法测定花生中多酚的含量，按照 NY/T 2641—2014《植物源性食品中白藜芦醇和白藜芦醇苷的测定　高效液相色谱法》方法测定花生中白藜芦醇的含量。

8.4.4　推荐文献

（1）张立阳，赵雪娇，刘帅，等.食品及饲料中黄曲霉毒素生物脱毒的研究进展［J］.动物营养学报，2019，31（02）：521-529.

（2）张萍，彭西甜，冯钰锜.食品中黄曲霉毒素检测的样品前处理技术研究进展［J］.分析科学学报，2018，34（02）：274-280.

（3）王亚楠，王晓斐，牛琳琳，等.食品中黄曲霉毒素总量免疫分析方法研究进展［J］.食品工业科技，2017，38（13）：344-351.

（4）杨威，魏学鼎，雷芬芬，等.4 种方法脱除花生油中黄曲霉毒素 B_1 的研究［J］.食品科学，2019，40（22）：339-346.

（5）莫紫梅，陈宁周，宁芯，等.紫外 LED 冷光技术对花生油中黄曲霉毒素 B_1 降解效果的研究［J］.中国油脂，2019，44（06）：83-88.

（6）周凯，徐振林，曾庆中，等.花生（油）中黄曲霉毒素的污染、控制与消除［J］.中国食品学报，2018，18（06）：229-239.

（7）欧盟发布花生及其制品中黄曲霉毒素总量最大限量风险评估报告［J］.食品与生物技术学报，2018，37（03）：315.

（8）都晓慧，丁小霞，周海燕，等.产后花生黄曲霉毒素污染监测抽样方法研究［J］.中国油料作物学报，2015，37（06）：876-880.

（9）白艺珍，丁小霞，李培武，等.应用暴露限值法评估中国花生黄曲霉毒素风险［J］.中国油料作物学报，2013，35（02）：211-216.

（10）中华人民共和国国家卫生和计划生育委员会，等.食品安全国家标准　食品中黄曲霉毒素 B 族和 G 族的测定：GB 5009.22—2016.2016.

◆▶ **参考文献** ◀◆

［1］武琳霞.中国花生黄曲霉毒素污染风险预警模型研究［D］.中国农业科学院，2019.

［2］申泽良.花生油加工过程中黄曲霉毒素的控制与脱除［D］.河南工业大学，2019.

［3］陈璐瑶.花生酱中黄曲霉毒素富集规律及其削减技术研究［D］.福建农林大学，2018.

［4］张凯.广西市售花生、玉米黄曲霉的流行、表型及产毒特征的研究［D］.广西大学，2017.

［5］陈冉.花生中黄曲霉毒素降解技术研究［D］.中国农业科学院，2013.

［ 6 ］李建辉. 花生中黄曲霉毒素的影响因子及脱毒技术研究［D］. 中国农业科学院，
2009.

［ 7 ］李娟. 2009 年中国十二省花生黄曲霉毒素污染调查及脱毒技术研究［D］. 湖北
大学，2011.